교사를 위한

아이 심리

알아차림

부모되는 **함께 나누는 행복 이야기**
철학시리즈
　　　　부모가 된다는 것은 지구상에서 가장 힘들고 어렵다. 동시에 가장 중요한 일이기도 하다. '부모되는 철학 시리즈'는 아
이의 올바른 성장을 돕는 교육 가치관을 정립하고 행복한 가정을 만들어 가는 데 긍정적인 역할을 할 것이다. 부모가 행복해야 아이
들도 행복하다. 행복한 아이와 행복한 부모, 나아가 행복한 가정 속에 미래를 꿈꾸며 성장시키는 것이 부모되는 철학의 힘이다.

교사를 위한 아이 심리 알아차림
현장에서 경험하는 구체적인 사례와 해결책

초판 1쇄 발행 2023년 8월 31일　　　　지은이. 최순자
　　　　　　　　　　　　　　　　　　펴낸이. 김태영

씽크스마트 책 짓는 집　　　　　　홈페이지. www.tsbook.co.kr
경기도 고양시 덕양구 청초로66　　　블로그. blog.naver.com/ts0651
덕은리버워크 지식산업센터 B-1403호　페이스북. @official.thinksmart
전화. 02-323-5609　　　　　　　　　인스타그램. @thinksmart.official
　　　　　　　　　　　　　　　　　　이메일. thinksmart@kakao.com

ISBN 978-89-6529-371-2 (13590)
© 2023 최순자

•**씽크스마트** - 더 큰 생각으로 통하는 길
'더 큰 생각으로 통하는 길' 위에서 삶의 지혜를 모아 '인문교양, 자기계발, 자녀교
육, 어린이 교양·학습, 정치사회, 취미생활' 등 다양한 분야의 도서를 출간합니다.
바람직한 교육관을 세우고 나다움의 힘을 기르며, 세상에서 소외된 부분을 바라봅
니다. 첫 원고부터 책의 완성까지 늘 시대를 읽는 기획으로 책을 만들어, 넓고 깊
은 생각으로 세상을 살아갈 수 있는 힘을 드리고자 합니다.

•**도서출판 사이다** - 사람과 사람을 이어주는 다리
사이다는 '사람과 사람을 이어주는 다리'의 줄임말로, 서로가 서로의 삶을 채워주고,
세워주는 세상을 만드는 데 기여하고자 하는 씽크스마트의 임프린트입니다.

•**천개의마을학교** - 대안적 삶과 교육을 지향하는 마을학교
당신은 지금 무엇을 배우고 싶나요? 살면서 나누고 배우고 익히는 취향과 경험을 팝
니다. 〈천개의마을학교〉에서는 누구에게나 학습과 출판의 기회가 있습니다. 배운
것을 나누며 만들어진 결과물을 책으로 엮어 세상에 내놓습니다.

자신만의 생각이나 이야기를 펼치고 싶은 당신.
책으로 사람들에게 전하고 싶은 아이디어나 원고를 메일(thinksmart@kakao.com)로 보내주세요.
씽크스마트는 당신의 소중한 원고를 기다리고 있습니다.

교사를 위한

아이 심리

알아차림

현장에서

경험하는

구체적인

사례와 해결책

교사가 고민하는 상황을 잘 풀어주고 있는 책

많은 시간을 고민과 인내로, 귀하고 좋은 가르침을 책으로 엮어 후학들을 위해 출간해 주심을 감사드립니다. '참으로 견고한 인연이구나'. 최순자 교수님의 저서를 마주하고 갖는 감정입니다. 교수님과 보육의 인연이 그러하고, 저와 교수님의 인연이 그러하고, 보육과 저와의 인연은 또 그러합니다.

현장의 여러 어려움 속에서 속절없이 지치고, 긴 시간 표류할 때마다 깊고 큰 가르침으로 다잡아 주시니 그 은혜가 참으로 큽니다. 안팎으로 혼란스러운 시기에 외부의 환경에 휩쓸리지 말고, 영유아의 마음(심리)에 집중해야 교사의 책무를 완수할 수 있다는 큰 말씀을 바로 이 책으로 하고 계심을 압니다.

지켜봐 주고 기다리다 보면, 아이의 행동을 통해 아이의 마음을 헤아릴 수 있을 것이고, 그 마음을 헤아리며 함께하고 지원하다 보면 아이는 선생님을 닮아가는 것이라고. 그래서 가장 중요한 것은 선생님의 마음가짐이라고 일러주십니다.

그동안 후학을 위해 《아이가 보내는 신호들》, 《아이의 마음 읽기》, 《아이의 생각 읽기》, 《부모와 자녀 사이》, 《별을 찾는 아이들》, 《글로벌시대 부모교육》 등으로 길잡이를 해주셨는데, 본 저서로 실제적 의문에 답을 주셔서 더욱 감사합니다.

특히 4장 '아이를 둘러싼 환경과의 관계'를 짚어주시며 요즘 부쩍 늘어나고 있는 언어 문제, 애착 문제, 성행동 문제 등 교사가 만날 수 있는 고민되는 상황을 잘 풀어주시니 현장의 교사들에게 큰 도움이 되리라 확신합니다.

최순자 교수님께 강의를 들으며 직접 사사를 받는 분뿐만 아니라, 보육과 교육에 관계자에게 본 저서를 권하며, 아이들이 온전히 행복한 세상을 함께 꿈꾸고 만들어 가는 데 지침으로 삼기를 바랍니다.

한솔교육미래교육원장, (주)아이키움(한솔) 대표 김주영

부모와 아이를 변화시켜 직업이 아닌 사명임을 깨닫게 해줄 책

어린이집 교사로 13년, 원장으로 17년, 총 30년을 어린이집에서 많은 아이와 부모님을 만나왔습니다. 경력이 쌓이면 어린이집 운영에 노련함과 경험이 있어 안정적으로 운영할

수 있을 줄 알았습니다.

그러나 시간이 흐르면 흐를수록 점점 더 어려운 숙제가 되어가는 느낌이 듭니다. 무엇인가에 늘 눌려 있는 듯한 기분이 들곤 합니다. '내가 처음 이 길에 발을 들여놓았을 때 생각했던 교육의 방향이 지금도 잘 지켜지고 있기는 하는 걸까?' 하는 물음을 수없이 하면서 말입니다.

너무 빠른 시대의 변화와 코로나19라는 시간 속에 많은 것들이 변했고, 그 가운데 우리 아이들은 제대로 경험하지 못한 부분도 있습니다. 그런 의미에서 이 책은 유치원과 어린이집 교직원들이 아이의 심리 이해를 통해 적절하게 반응하고 지원할 수 있게 해줄 것입니다. 아이들 발달에 중요한 자존감도 키워갈 수 있도록 해주리라 봅니다.

이 책은 교사나 원장들이 나로 인하여 부모나 아이에게 변화가 생긴다면, 내가 하는 일이 직업이 아닌 사명이라는 생각을 갖게 해주리라 믿습니다.

포천시어린이집연합회 회장,
포천시지역사회협의체 여성가족부과장 최미영

아쉬웠던 미해결된 과제들에 대한 명쾌한 해설서

저자이신 최순자 교수님은 나에게 대학원 박사과정 수업 시간에 영유아 발달과 그들의 부모, 교육 현장에 대한 무한한 관심과 사랑 그리고 열정을 쏟아내셨던 교수님으로 기억된다.

같은 영유아 교육의 길을 가고 있지만, 교수님을 뵐 때마다 드는 생각은 '어떻게 영유아들과 그들의 부모에게 이다지도 간절하고 열정적인 사랑을 묵묵히 당신의 자리에서 이어가실 수 있을까?'이다. 존경스러움 그 자체이다.

그런데 이번에도 저서를 출간하신다니 '역시 교수님의 여여한 행보는 아직도 'ing~!' 였구나!' 싶어 벌써 기대가 된다. 그동안 어린이집, 유치원 교사와 원장교육, 예비 교사 교육에서 나온 57개 사례를 소개한다고 하니, 얼마나 생생한 현장의 목소리들이 담겨 있을지 또 한 번 기대하는 지점이다.

목차만 살펴봐도 영유아 교육 현장에서 빈번하게 일어나고 있는, 하지만 그 대처법은 아쉽기만 했던 미해결된 과제들에 대한 명쾌한 해설서를 만난 것 같은 느낌이다.

"행복한 교사가 행복한 부모와 아이를 만든다."라는 교수님의 말씀처럼, 이 책을 통해 영유아 교육 현장에 있는 교사들이 영유아들과 그들의 부모와 함께, '건강한 성장'을 위한 '행복한 소통'을 이어갈 수 있기를 희망한다.

연화어린이집 원장, 동국대학교 교육대학원 외래교수 김형진

살기 위해 이 책은 읽어야 한다고 감히 말하고 싶다

나와 느슨한 유대관계를 맺고 있는 최순자 교수와의 인연은 역시 책이었다. 매년 꾸준히 책을 내는 최 교수님은 영유아보육 현장에서 교사들에게 도움이 되는 책을 통해 독자와 소통한다. 영유아보육 현장 관계자들과 끊임없는 소통을 통해 현재 우리나라 영유아 보육계의 현실이 얼마나 힘든지에 대해 간파하고 설득하고 치유하고자 한다.

얼마 전 뉴스에서 젊은 초등교사의 안타까운 사건이 보도되었다. 비단 이 사건만이 아니라, 현장에 있는 교사들을 바라보며 불안한 외줄 타기를 하는 많은 원장과 교사들이 있다.

어디서부터 잘못된 것인가? 몇 날 며칠을 생각해 본다. 결론에 도달하지 못한 나는 늘 많은 생각의 답을 책에서 찾고자 한다. 현장에서 이미 악성 민원이나 예민한 아이, 그 아이로부터 확장된 많은 보호자로부터 지쳐있는 영유아 보육 관계자들은 책 읽는 것 자체가 사치일지 모른다.

하지만 살기 위해 이 책은 읽어야 한다고 감히 말하고 싶다. 우리는 사랑하는 사람을 더 잘 알고 싶어 한다. 다시 초심으로 돌아가 '내가 사랑하는 이들이 왜 이런 행동을 할까?'라는 원론적인 질문을 하고 그에 대한 해답을 천천히 찾아가 보는 것이 방법일 것이다.

자연 속에서 생명이 있는 모든 것들을 가만히 살펴보면 관계 속에서 정답을 찾을 수 있다. 왜 저런 상황과 행동을 하는지 유심히 관찰하고 생각하고 이해하는 것이다.

이 책은 엉킨 실타래를 이리저리 살펴보다가 끊어진 실타래의 시작을 찾는 일과 같다. 어려운 수학 문제의 정답지를 보는 느낌이다. 현장에서 어려움을 겪고 있는 많은 교사와 원장, 그리고 학부모들에게도 좋은 풀이집이 될 것이다.

전 파주병원어린이집 원장, 감성숲생태연구소 수(秀) 대표 허유미

현장에서 경험할 수 있는 사례와 해결책

영유아의 표현언어와 이해언어는 제한적이기 때문에 영유아가 보이는 행동 양상을 통해 그들의 마음을 읽기도 하며 심리적 지원을 하기도 합니다. 부모님과 선생님들은 영유아의 특정한 행동이 발달단계에서 나타나는 자연스러운 현상인지, 혹은 전문가의 지원이 필요한 상황인지 종종 고민하는

상황에 놓일 것입니다. 이 책은 이러한 고민을 해결하는 데 큰 도움이 되리라 믿어 의심치 않습니다.

특히 2장에는 아이들의 행동과 그에 따른 심리를 파악할 수 있는 비법이 담겨 있습니다. 아이들의 행동이 어떤 심리에서 기인하는지를 유추할 수 있다면 그에 적합한 지도방안을 수립할 수 있을 것입니다.

이 책에는 현장에서 경험할 수 있는 사례와 해결책이 제시되어 있습니다. 아이들로부터 드러나는 다양한 행동 특성에 관심을 가지고 이를 해결하기 위해 고군분투하는 분들에게 많은 도움이 될 것입니다. 선생님들과 학부모님들이 이 책을 곁에 두어 아이의 행동에 따른 대처에 도움받으시기를 소망합니다.

다산새봄초등학교병설유치원 교사 이해숙

교사나 원장뿐만 아니라 부모에게도 필독을 권하고 싶은 책

최순자 교수님의 저서는 하나도 빼놓지 않고 다 읽고 있습니다. 그 중《아이가 보내는 신호들》,《아이의 마음 읽기》,《아이의 생각 읽기》,《별을 찾는 아이들》등은 제목 그대로 "아이들의 생각을 읽고 마음을 읽어 주면서, 아이들이 보내는 신호에 즉각적이고 민감하게 반응해 주어야 한다."고 하십니다.

현재 보육교사로 교수님의 가르침을 통해 배운, 항상 기다려 주고 '인간 존중'을 중요하게 여기며 아이들과 함께하고 있습니다. 행사, 특강 수업, 활동지, 미술 활동 등 해야 할 것도 많고, 키즈 노트에 사진까지 올려야 하는 일과입니다.

이러한 현장에서 기다려 주는 것이 어디까지 여야 할지 아직도 어렵고 힘듭니다. 아이들의 일상은 바쁘고 자유롭지 않은 놀이를 하고 있습니다. 어릴 때부터 "빨리빨리"가 습관이 되는 것은 아닌지 걱정스럽습니다.

교수님 책을 읽으며 항상 마음을 다시 잡고 있습니다. 또한 매일매일 영유아의 마음을 읽어 주려 노력하며, 항상 따뜻한 눈과 웃음으로 마주치는 등 교수님의 따뜻한 가르침을 따르려고 노력하고 있습니다.

예외 없이 이 책에서도 조곤조곤 아이의 행동별 사례와 대처법을 제시해 주고 계십니다. 그 때문에 어린이집, 유치원 교사나 원장뿐만 아니라 영유아를 둔 부모에게도 필독을 권하고 싶습니다.

고양시립우리누리어린이집 교사 장은주

아이들이 스스로 설 수 있도록 해야

무언가에 대해 글을 쓴다는 것은 그 대상을 사랑할 때 가능하다. 자신에게 물었다. "내가 사랑하는 대상은 누구인가?" "내가 의식적으로 가장 많은 시간을 들이는 일은 무엇인가?" 대답은 '어린이'와 '행복한 어린이를 위한 교육'이었다. 여기서 어린이는 인간 발달에서 가장 중요한 시기의 초등학교 입학 전 영유아이다.

학창 시절 역사의 격동기를 겪으면서, 지도자의 사고 형성에 관심을 두었다. 공부를 통해 어린 시기가 중요함을 알았다. 어린 시기를 잘 보내야 행복한 어른으로 성장하고, 그들이 이룬 사회가 건강해질 수 있다는 생각이다. 이런 문제의식을 갖고 관련 공부, 교육, 실천에 천착해 온 지가 강산이 바뀐다는 어언 30여 년이 흘렀다.

그동안 부모 대상 『아이가 보내는 신호들』, 『아이의 마음 읽기』, 『아이의 생각 읽기』, 『별을 찾는 아이들』, 『글로벌 시대 부모교육』, 『부모와 자녀 사이』등을 썼다. 이번에는 제2의 부모라 할 수 있는 교사들이 읽을 수 있는 영유아 발달과 심리에 관해 쓴다.

책의 구성은 1장 지켜봐 주고 기다려 주기, 2장 아이 행동을 통한 심리 읽기, 3장 가르치는 것이 아니라 지원하고 함께하기, 4장 아이를 둘러싼 환경과의 관계, 5장 마음가짐과 태도로 되어 있다. 책의 내용은 어린이집·유치원 교사와 원장교육, 예비교사 교육에서 나온 57개의 생생한 사례이다.

아이는 스스로 하므로 자기를 긍정적으로 생각하는 자기 가치와 할 수 있다는 자신감을 가질 수 있다.

이는 '자아존중감' 형성으로 연결되고, 실패하더라도 오뚝이처럼 다시 일어설 수 있는 '회복탄력성'도 가진다. 이를 위해서는 아이들이 스스로 하도록 기다려주어야 한다. 작가 최명희는 "기다리는 것도 일이니라. 반개(半開)한 꽃봉오리 억지로 피우려고 화덕을 들이대랴, 손으로 벌리랴. 순리가 있는 것을(『혼불』서문에서)."이라고 했다.

이 책에 나오는 현장의 생생한 사례와 해결책을 통해 아이 심리를 이해하고 적절한 지원을 해줄 수 있으리라 믿는다. 아이들이 스스로 서도록 해주는 어른들이 많아지길 기대한다.

최순자

목차

1장 지켜봐 주고 기다려 주기

4장 아이를 둘러싼 환경과의 관계

5장 마음가짐과 태도

1장

지켜봐 주고

기다려 주기

과정(過庭)의 가르침

　'과정(過庭)의 가르침'이라는 말이 있다. '뜰을 지나는 아이를 가르친다.'는 뜻이다. 중국 사서삼경 중 공자의 사상을 기록한 〈논어〉의 계씨(季氏) 편 13장에 나온다. 출판인 이갑수는 이 장면을 〈논어〉에서 가장 마음이 에이는 장면으로 본다.

　"개인적으로 〈논어〉에서 가장 마음이 에이는 장면이 있다. 성균관 같은 행단의 뜰에 공자가 서 있다가 지나가는 아들에게 묻는다. 시를 배웠느냐, 예를 배웠느냐. 이른바 '과정(過庭)의 가르침'이다.

아직요. 말끝을 흐리며 물러가는 아들의 등을 물끄러미 바라보는 공자(이갑수, 공부자탄강일)."

오수형의 한자 이야기에 의하면, 과정(過庭)은 마당을 종종걸음으로 지나간다는 뜻의 '추정(趨庭)'과도 같다고 한다. 공자의 아들 이(鯉)가 마당을 종종걸음으로 지나다가 아버지에게 시(詩)와 예(禮)를 공부하라는 훈계를 들었다는 일화에서 유래한다. 과정(過庭)과 '추정(趨庭)'을 조금 더 자세히 들여다보자.

공자는 아들이 종종걸음으로 마당을 지나가는 것(과정·過庭)을 본다. 이 모습을 보고 하루는 "시를 배웠느냐?"라고 묻는다. 아들은 "아직 배우지 못했습니다."라고 대답한다. 이에 공자는 "시(詩)를 배우지 못하면 인정과 도리에 통하지 못해 말을 할 수 없다."라고 한다. 이에 아들은 물러나 시를 배웠다 한다. 여기서 말을 할 수 없다는 것은 사람들과 대화 나누기가 어려워 사람 사귀기가 쉽지 않음을 뜻한다.

어느 날 공자는 아들이 허리를 구부리고 빠른 걸음으로 마당을 지나는 것(추정·趨庭)을 본다. 이를 본

공자는 아들에게 "예(禮)를 배웠느냐?"라고 묻는다. 아들은 아직 배우지 못했다고 답한다. 이 대답을 듣고 공자는 "예(禮)를 배우지 못하면 서는 방법이 없다."라고 한다. 이에 아들 리는 물러나 예(禮)를 배웠다고 한다. 여기서 서지 못한다는 것은 사람들과 어울려 살아가기 힘들다는 의미이다.

'과정(過庭)의 가르침'에는 두 가지 의미가 들어 있다고 본다. 하나는 〈논어〉의 해제 그대로 공자가 특별한 방법으로 자식을 가르치기보다 제자들과 똑같은 방법으로 교육했다는 의미이다. 또 하나는 아이를 가르치기 위해 일부러 시간과 공간을 만드는 게 아니라, 일상에서 깨닫게 한다는 의미이다. 다시 말해 '밥상머리' 교육이라 볼 수 있다.

자녀들이 세계적 지도자로 활동하고 있고 가족이 11개의 박사 학위를 가지고 있는 것으로 잘 알려진, 고 고광림 박사(전 주미공사, 유엔 대표)의 아내 전혜성 박사(전 예일대 교수)가 쓴 〈섬기는 부모가 자녀를 큰사람으로 키운다〉가 있다. 여섯 자녀는 물론 한국계 젊은 이들을 세계 지도자로 키워낸 교육 노하우를 담고 있다. 그는 자녀 존중, 인내, 자녀들과 함께하는 시간, 대화를 강조하면서 '밥상머리' 교육 사례를 전한다.

- 매일 아침: 온 가족이 함께 식사하며 기도는 돌아가면서 하기
- 매주 금요일 밤: 같이 TV를 보고 생각 나누기
- 토요일 아침: 식사 후에는 가족회의, 회의 진행자와 기록자는 돌아가면서 맡음
- 토요일: 가족이 같이 도서관 가기
- 일요일: 교회에 다녀와서 설교 말씀을 토대로 서로 대화 나누기

영유아 교육 현장에서도 가르치기 위한 특정한 시간을 만들기보다, 전박사와 같이 일상 활동에 교육적 의미를 부여하여 함께하면 어떨까? 또 아이들이 하고 싶은 놀이를 지켜보며 '과정(過庭)의 가르침'을 하면 어떨까? 내가 유학한 일본의 영유아 교육 현장에서도 '개방 보육'이라 하여 우리의 '자유선택 활동' 중심으로 일과를 운영한다. '과정(過庭)의 가르침'이라 할 수 있다. '과정(過庭)의 가르침'은 현재 시행되고 있는 '놀이중심 보육·교육과정'의 실천이다.

아이들이 스스로 걸어서 등원하게 하자

어린이집에서 보육 실습을 하는 예비보육교사 실습 지도 시 얘기다. 아침 출근 시간 도로 정체를 고려하여 아예 새벽에 집을 나서기도 한다. 그러다 보면 조금 이른 시간에 실습지에 도착한다. 책을 가지고 가서 실습생이 실습을 시작할 시간까지 차에서 책을 읽기도 한다. 또 아이들이 보호자와 등원하는 모습도 지켜본다.

어느 날 엄마가 갓난아이를 앞에 안고, 큰아이는 유아차에 태워 엄마가 뒤에서 밀고 등원한다. 큰아이는 만 세 살 정도 되어 보인다. 혼자서 충분히 걸을 수 있는 나이이다. 선생님이 보호자와 아이를 맞이한다. 유아차에 탄 아이는 손을 잡아서 내리게 했다.

내가 도쿄에서 유학 중 실습을 했던 한 유치원의 입학 조건 중 하나는 유치원에서 반경 2.5㎞ 내에서만 입학할 수 있다는 것이었다. 통원버스를 운영하지 않는다. 멀리서 오지 말라는 것이다. 등원할 때는 자동차에 아이를 데려오지 말라고 했다. 자전거에 태워 오는 것은 허용했다. 가능하면 가까운 거리에서 아이와 걸어서 등원하라고 했다. 보호자가 아이와 걸어오면서 날씨의 변화도 느끼게 하고, 꽃과 나무 등에 관해 이야기를 나누라는 것도 권면 사항이다. 어른이 입장이 아닌 철저히 아이 발달을 고려한 조건이다.

아이는 걸어야 발달에 도움이 된다. 뇌는 두 가지 중추로 연결되어 있다. 감각과 운동 중추이다. 걸어야 뇌 발달과 근육 발달로 신체 발달에 도움이 된다. 일본의 어느 어린이집은 아이들이 뛰고 달리는 등 신체활동을 일과 대부분으로 보내는 곳도 있다. 아이 발달을 고려해서이다.

걸을 수 있는 아이를 보호자가 유아차에 태워서 등원하면 어린이집이나 유치원에서 맞이하는 교사가 아이에게 말해보자. "OO가 걸을 수 있겠지? OO 내일부터 엄마 손 잡고 걸어오면 어떨까?" 보호자에게도 아이와 걸어서 올 수 있도록 그 이유를 살짝 얘기해 주면 어떨지.

걸어서 오는 아이는 '아, 내가 걸어왔다.'라는 내면의 만족감도 가질 수 있다. 이러한 경험이 자기를 긍정적으로 생각하는 자아존중감을 가질 수 있다. 드라마 '이상한 변호사 우영우' 마지막 회 장면으로 기억한다. 누군가의 도움을 받아 회전문을 이용했던 자폐스펙트럼 우 변호사가 혼자서 회전문으로 출근한다. 그러면서 "아, 이 뿌듯함!"이라고 한다. 발달에 중요한 시기인 아이들도 뿌듯함을 자주 경험해야 한다.

아이들 신발장에 가족사진을 붙여주면 어떨까?

"아침에 어린이집에 와서 아이들이 스스로 신발을 벗어 신발장에 넣습니다. 신발을 넣으면서 가족사진을 보고 아이들은 심리적 안정감을 가질 수 있습니다. 예를 들면, 엄마가 먼저 직장에 가고 아빠가 아이를 데리고 등원했을 때, 아이는 신발을 넣으며 '엄마가 여기 사진 속에 있네.'라고 생각하며 마음의 안정을 가질 수 있습니다."

내가 도쿄 유학 시 실습 갔던 어린이집 신발장에는 가족사진이 신발장 칸마다 벽면에 붙어 있었다.

원장은 가족사진을 붙여 놓은 이유를 설명해 주었다. 아빠는 회사에 가고 엄마가 데려왔을 때, 아이는 신발장에 붙어 있는 아빠를 보면 아빠가 자신을 응원해 준다고 느끼지 않을까 싶기도 하다.

신발장에 가족사진을 붙여 놓는 중요한 전제는 아이들이 스스로 신발을 넣는다는 것이다. 종종 우리나라 현장에서 보듯이 선생님이나 보호자가 넣는다면 신발장에 붙여 놓은 사진은 큰 의미가 없다.

보육실습 지도 때의 일이다. 경기도 P시 아파트 관리동에 있는 어린이집에 오후 3시 30분 정도에 도착했다. 어린이집에서 아이들이 귀가할 시간이라서 보호자들도 보인다. 다섯 살 손주를 할머니가 데리러 왔다. 네 살 아이는 엄마가 동생을 안고 왔다. 내가 먼저 입구에 있는 벨을 눌러 용건을 말했다. 아이를 데리러 온 보호자들도 차례로 벨을 누르며 "OO요."라고 아이 이름을 말한다.

안쪽에서 현관문이 열리고 선생님 나온다. 나는 실습지도 왔음을 전했다. 잠시 후 보호자들이 데리러 온 아이들도 담임 선생님과 함께 나온다. 아이들은 현관문 안쪽에 있는 신발장에서 신발을 꺼내 신는다. 신발장을 살펴보니 칸칸이 아이들 이름 대신 사진이 정면에 붙어 있다. 한글로 써진 이름이 아닌 사진을 붙여놓은 것은 한글을 읽지 못하는 아이들이 사진을 보고자기 신발을 넣거나 꺼내게 하기 위한 배려이리라.

위 어린이집처럼 아이들 신발장에 사진을 붙여 놓은 곳이 많으리라. 원에 따라서는 글을 읽을 수 있는 아이들 신발장에는 이름을 써 두고 있기도 하다. 또 어떤 원은 아무 표시가 없는 곳도 있다. 인원이 많지 않은 경우이다.

아이들 신발장에 가족사진을 붙여주고, 아이들이 스스로 신발을 넣고 꺼낼 때마다 보게 하면 어떨까? 특히 아침에 아이들 마음 안정은 중요하다. 마음이 편안해야 또래나 선생님과 상호작용이 가능하고, 놀이도 할 수 있기 때문이다. 그러한 활동이 결국 아이 발달을 가능하게 한다. 만일 마음이 불편하다면, 놀이를 활발하게 하지 않을 수 있다. 아이의 마음, 활동, 발달을 고려하는 교사의 역할을 기대해 본다.

아이가 스스로 선택하게 해야

"〈아이가 보내는 신호들(최순자, 씽크스마트)〉 책을 읽으며 가장 인상 깊게 읽은 내용은 '아이들이 스스로 하게 해야 한다.'는 점을 강조하고 있다는 것입니다. 그런데 우리나라에서 어른들은 그렇지 못한 것 같아요. 제가 식당에서 아르바이트하고 있습니다. 아이를 데리고 온 부모들을 보면 크게 세 종류로 나뉩니다. 첫째, 아이 스스로 자기가 먹을 음식을 고르게 하는 부모 둘째, 부모가 골라주는 경우 셋째, 아이가 고르게 했다가 시간이 걸리면 그냥 부모가 골라주는 유형이 있습니다."

대학에서 유아교육과 2학년을 대상으로 '교직실무' 과목을 맡을 때, 수업 중 독서과제 발표 시간에 나온 얘기다. 이 학생은 내가 쓴 책을 읽고 발표하면서 위 사례를 전했다. 위 학생이 책을 읽으며 '아이가 스스로 하게 해야 한다.'는 내용이 눈에 들어왔다는 것은 현실에서는 그러지 못하는 상황을 많이 접하고 있기 때문일 터이다.

이는 부모뿐 아니라 교사들도 아이들과 상호작용에서 어떠한지를 반성적 사고로 살필 일이다. 다행히 2019년부터 아이의 자유와 선택권을 존중하는 '놀이중심' 교육과정으로 바뀌었지만, 이를 어느 정도 실천하고 있을지? 물론 많은 교사가 활동 시에 아이에게 선택권을 주겠지만, 아직도 교사가 주도권을 갖지는 않는지 교사 스스로 점검해야 한다.

위 사례에서 '기다리다 부모가 정하는 경우'를 생각해 보자. 실제로 이런 경우도 꽤 있을 것이다. 〈혼불〉의 작가 최명희는 글 서문에서 "기다리는 것도 일이니라. 반개(半開)한 꽃봉오리 억지로 피우려고 화덕을 들이대랴, 손으로 벌리랴. 순리가 있는 것을."이라고 했다. 절반만 핀 꽃을 빨리 보고 싶다고 온도를 높이거나 손으로 벌릴 수 없고 때가 되면 핀다는 의미이다. 아이들이 어떤 선택을 하지 못하고 망설이며 시간이 걸린다고 어른들이 해주는 것은, 마치 온도를 올려 꽃을 피우거나 손으로 꽃을 벌려서 피우는 것과 같다.

아이는 스스로 어떤 일을 하므로 자기를 긍정적으로 생각하는 자기 가치와 할 수 있다는 자신감이 생겨 '자아존중감'을 가질 수 있다. 또한 세상을 살아가면서 실수 실패하더라도 다시 일어설 수 있다는 '회복탄력성'도 획득할 수 있다. 기다려주고 아이가 스스로 선택하게 할 일이다.

무가 쑥쑥 올라왔어요

"선생님, 제 무가 쑥쑥 올라왔어요." "제 무가 많이 자랐어요." "제 무가 OO 무보다 더 커요."

어린이집 아이들이 자기가 심은 무를 보고 기쁜 목소리로 말한다. 보육실습 지도 중에 어른 종아리만큼 굵고 큰 무가 어린이집 건물 앞에서 자라고 있었다. 각각의 무에 아이들 이름이 쓰여 있고, 어린 연령 아이들은 얼굴 사진도 붙어 있었다. 김장용으로 충분할 정도이다. 수확해서 아이들 가정으로 보낸다고 한다. 아이들이 한여름에 원에서 제공해 준 큰 흙을 넣은 고무 그릇에 모종을 심었다고 한다. 그 자리에 봄에는 딸기, 여름에는 가지와 고추를 심었단다.

종교기관에서 운영하는 어린이집으로 원 내에 키즈 카페가 있을 정도로 물리적 환경이 좋았다. 주변에 놀이기구와 놀이터도 충분했다. 아이들은 자주 바깥 활동을 한다. 그때는 꼭 선생님과 같이 무를 관찰한다. 아이들은 무를 보고 "무야 안녕." "잘 자라고 있네. 다음에 또 봐."라고 인사한다.

유학 시 박사 논문 작성을 위해 들렀던 어린이집이나 유치원에서 도쿄 시내임에도 닭, 오리, 토끼 등을 아이들이 직접 키우던 모습이 떠올랐다. 직접 먹이를 주고, 막 낳은 알을 만지는 등의 활동을 통해 생명에 대한 존중, 배려하는 도덕성 함양에 도움을 주기 위함이라고 했던 원장의 얘기도 귓가에서 맴돈다.

도심에 있는 어린이집임에도 아이들이 쉬 볼 수 없는 농작물을 직접 키우고 있는 점이 고맙고 기뻤다. 단 한 두 가지 아쉬운 점이 있었다. 물을 주고 키우는 것을 아이들이 하면 더 좋을 텐데, 원의 버스 기사가 하고 있다고 한다. 또 관찰일지는 쓰지 않고 아이들이 그냥 무를 보고 인사를 건네고 있다고 하는데, 1주일에 한 번 정도 관찰일지를 써 보도록 해서 아이들의 관찰력, 집중력, 과학적 사고력, 더욱 풍성한 감성을 길러주면 더 좋을 것 같다. 가정으로 무를 보낼 때 비닐에 넣어서 보낸다는데, 대신 종이나 천 주머니를 활용하면서 아이들에게 그 이유를 설명해 주어 자연스럽게 환경교육도 하면 어떨까 한다.

내가 어린이집에 근무했을 때는 봄에 아이들에게 화분을 하나씩 가져오게 해서 원 입구에 놓았다. 매일 아이들에게 직접 물을 주게 하고, 1주일 한 번 관찰일지를 쓰게 했다. 글을 잘 모르는 아이는 그림으로 그리게 했다. 원내에 있던 수족관 물고기에게 원장이 먹이를 주길래, 우리 반 아이들이 맡게 하겠다고 해서 당번을 정해 그렇게 했다. 물고기도 관찰일지를 쓰게 했다. 그때 아이들이 오고 가며 꽃과 물고기에게 인사하고 기뻐하던 얼굴들이 떠오른다.

교육은 여러 장면에서 자연스럽게 이루어져야 한다. 교사는 주변 환경을 잘 활용하여 어떻게 하면 아이들에게 교육적 의미가 있도록 할 것인가를 성찰해야 한다. 어떤 장면이나 활동이 의미가 있으려면 교사가 먼저 의미 부여가 돼야 한다. 그래야 아이들에게 말할 수 있고 그 의미가 전달된다.

아이들은 아이들끼리 있을 때 제일 밝더라고요

"지금 만 3세 반을 맡고 있어요. 저희 반에서 신경 쓰이는 아이는 두 명 있어요. 한 명은 할머니와 지내는데 말을 못 하는 남자아이예요. 치료실에 다니고 있어요. 또 한 명은 여자아이인데 말을 잘못하고 자율적이지 못해요. 엄마가 주양육을 하시는데, 아이가 스스로 하게 하는 게 아니라 뭐든지 그냥 다 해주세요."

어린이집 보육 실습지도 중 보육교사에게 반에서 교사 입장에서 조금 신경 쓰이는 아이가 있느냐고 물었다. 그때 나온 대답이다. 교사가 신경 쓰인다는 아이 행동의 원인은 대답 속에 들어 있다.

말을 못 하는 아이의 양육환경 중 눈여겨봐야 할 것은 할머니와 지낸다는 것이다. 물론 할머니와 지내는 모든 아이가 말을 못 하지는 않을 것이다. 그러나 이 경우, 할머니가 아이와 아이의 언어로 상호작용을 잘하지 못하고 있으리라는 추측을 해볼 수 있다. 가정에서 어떤 양육을 하고 있는지까지는 확인을 못 했지만, 아마 언어적 상호작용보다 스마트폰이나 TV 등에 노출되고 있을 확률이 높다.

또 자율적이지 못하고 말을 잘못하는 아이 경우도 주양육자인 엄마의 행동에서 아이 행동의 원인을 생각해 볼 수 있다. 아이 스스로 밥을 먹거나, 신발을 신거나, 옷을 입게 하는 것이 아니라 다 해주고 있다는 것이다. 그렇게 되면 아이는 자연스럽게 어린이집에 와서도, 집에서 엄마가 다 해주듯이 선생님이 해주리라고 생각하고 스스로 하지 않는다.

두 아이의 발달을 위해 교사에게 한 제안은 또래

관계 형성을 신경 써달라는 부탁을 했다. 식사나 간식 시간에 반에서 말 잘하고 친절한 아이, 스스로 하는 아이를 말을 잘못하고, 자율적이지 못한 아이 옆에 앉게 해주고, 그 관계가 다른 놀이 활동에도 확장되도록 배려하게 했다. 여기서 식사나 간식시간 관계 배려를 주문한 것은 음식을 먹을 때 심리적으로 가장 가까워질 수 있기 때문이다.

도쿄 유학 시 선배 중 한 명은 대학원 박사 논문으로 점심시간에 아이들이 누구랑 앉으려고 하는지를 관찰하여 또래 관계를 분석하는 논문을 집필했다. 누구랑 앉으려고 하는지를 본다는 의미는 우리처럼 미리 고정된 자리를 만들지 않고, 그날 아이들이 기분에 따라 친구를 찾아 앉게 하려는 의도이다. 우리도 고정 좌석으로 하지 말고 아이들에게 선택권을 주되, 특별히 사례 속 아이들처럼 배려가 필요한 아이들은 교사의 교육적 의도로 아이들이 모방하도록 할 필요가 있다.

아이들 발달에는 어른보다 또래가 관계가 중요하다고 했던 스위스의 인지발달학자 피아제를 언급해

주면서 특별히 그 점을 간과하지 말 것을 권면했다. 그랬더니 교사가 손뼉을 치면서, "맞아요. 아이들은 아이들끼리 있을 때 제일 밝더라고요."라고 했다. 맞다. 아이들은 아이들끼리 있을 때 행복하고, 자연스럽게 모방을 통한 배움이 이루어진다. 나도 어느 성장기까지 어른보다 비슷한 나이의 친구가 더 좋았다.

아이들 활동사진 촬영 연출이 꼭 필요할까요?

"실습생인 제가 있어 현장학습을 1주에 한 번 또는 두 번 정도 나갔어요. 아이들에게 다양한 경험을 하게 하는 것은 좋았는데 문제는 사진 촬영이었어요. 고구마 캐기 체험하러 갔는데 교사가 캐서 아이들에게 들게 하고 사진만 찍더군요. 교실은 마치 스튜디오 같았어요. 한쪽에서 그림만 그리고 있는 아이가 있었는데, 그 아이가 활동사진에 들어가지 않으면 교사가 데려다 사진만 찍었어요. 마치 원맨쇼 하는 것 같았어요."

보육실습을 다녀온 예비보육교사 최종보고회 때 나온 얘기다. 이 얘기를 전한 학습자는 성인 학습자로 자녀가 있다. 실습 현장에 가서 교사가 사진 연출을 하는 것을 보고 난 후 자기 아이의 어린이집 교사에게 가정으로 아이의 사진을 촬영해서 보내지 않아도 된다고 했단다. 그랬더니 담임 교사는 "다른 부모들은 다 원하는데요."라고 하더란다. 그 말을 듣고도 부모 입장에서 아이의 사진은 보내지 않아도 된다고 거듭 얘기했다고 한다.

"물감 찍기 활동을 하는데, 한 반 교사가 제대로 활동은 하지 않고 한 명씩 손가락에 물감을 묻혀 도화지에 물감을 찍게 하고 사진 촬영만 하더군요." 이 얘기는 어린이집 원장 경험이 있는 분이 재직 시 봤던 장면을 최근에 전해준 얘기다.

물론 모든 교사가 이렇게 보여주기식, 연출하는 사진 촬영을 하지 않을 것이다. 그러나 엄연히 현재 이렇게 하는 교사가 있다는 게 문제다. 그럼, 교사들은 왜 이렇게 하는 걸까? 앞에서 교사가 말했듯이 부모들이 원하기 때문이다. 부모 입장에서는 아이를 어린이집이나 유치원에 보내고 나서 원에서 어떻게 지내는지 궁금할 터이다. 그래서 교사들이 자기 아이의 활동사진을 보내주기를 바라는 것이다.

문제는 활동 시 교사가 아이들 촬영에 신경 쓰다 보면 사진 찍기에 바빠 아이들과 제대로 상호작용하기가 쉽지 않다는 점이다. 그러므로 활동 중 교사의 사진 촬영은 결국 아이 발달에 긍정적인 영향을 미칠 수 없다. 부모들은 이 점을 간과해서는 안 된다. 앞에서 고구마 캐기 체험 활동이라면, 봄에 직접 고구마 심기, 물주기 등도 해보고 늦가을에 직접 아이들에게 고구마를 캐보게 한다면 고구마의 성장과 땅의 기능과 고마움 등도 알게 될 것이다. 고구마 심기는 하지 않고 고구마를 캐기만 하더라도 직접 아이들이 땅속에 묻혀 있는 고구마를 캐보고 그 과정에서 기쁨, 놀라움 등을 체험하게 하는 것이 현장 체험학습의 본래 의미이리라.

부모는 아이의 원 생활이 궁금하더라도 많은 사진을 요구하지 말아야 한다. 원장은 오리엔테이션 때 이 점을 부모들에게 꼭 전했으면 한다. 부모들도 사

실은 사진보다 내 아이 발달이 더 중요하다고 생각할
터이다. 사진을 보내달라고 요구하는 것은 사진이 전
달되기까지의 과정을 잘 모르기 때문이다. 그러므로
부모들에게 그 과정을 자세히 얘기하자. 부모들의 이
해를 얻어 사진은 꼭 보내주면 좋을 몇 번만 보내도
록 하자.

예민한 기질의 아이가 있어요

"보육실습 기간 동안 가장 기억나는 에피소드는 만 1세인 저희 반 아이 중 쌍둥이 자매가 있었습니다. 그중 한 아이는 기질이 예민했습니다. 그 아이는 실습 초반에는 낯설었던 저에게 잘 오지 않고 무조건 담임 선생님만 찾았습니다. 그러다 시간이 좀 지나고부터는 저에게 마음을 열었습니다. 실습이 끝나가는 시점에는 모두 아주 살갑고 친근하게 다가와 주었습니다. 무엇보다 아이들과 애착형성이 잘 된 것 같아 기억에 남습니다. 그리고 실습 마지막 날에는 제가 마지막 날인 걸 알았는지, 반 아이들이 응가를 두세 번씩 보고 대변 처리를 저에게만 해달라고 얘기해서 열심히 기저귀를 갈아주고 왔습니다."

보육실습을 하고 온 예비보육교사가 한 말이다. 아이가 실습 선생님에게 잘 오지 않은 것은 낯가림을 하고 있다. 낯을 가린다는 것은 구별할 수 있다는 증거이기도 하다. 또 예비 교사가 파악하고 있듯이 기질이 예민해서 낯선 사람에게 접근하지 않을 수 있다.

기질은 타고난 특성이다. 기질을 연구한 토마스와 체스는 9가지의 분류 기준, 즉 활동 수준, 규칙성, 주의 산만성, 접근과 취소, 적응성, 주의력과 끈기, 반응 강도, 반응의 역치, 정서의 질로 기질 유형을 나눴다. 크게 세 가지로 급하고 까다로운 기질, 순한 기질, 느린 기질이다.

이중 교사나 부모가 다루기 힘든 급하고 까다로운 유형은 전체의 약 10%를 치지한다. 이 유형의 아이는 신체 생리적으로 항상 각성되어 있다. 그래서 조그만 자극에도 쉽고, 강렬하게 운다. 잠을 잘 안 자거나 깊게 못 자지 않는다. 음식을 잘 먹지 않거나 먹더라고 불규칙하게 먹는 편이다. 편안한 감정 상태를 잘 보이지 않고 울 때도 잘 달래지지 않는다. 반면에 순한 아이는 대체로 긍정적이고 행복하며 달래기 쉬운 편이고, 적응성이 뛰어나다. 느린 아이는 적응을 느리게 하는 편이고 이에 따라 새로운 환경에서는 서서히 안정감을 느낀다.

급하고 까다로운 기질의 아이에게는 4단계로 상호작용해야 한다.

· 1단계: 아이의 요구를 인정해주기
· 2단계: 현재 상황을 인식시키기
· 3단계: 가능한 대안을 제시하기
· 4단계: 마지막 선택을 제시하되 아이에게 선택권 주기

순한 기질의 아이는 강요하게 되면 자율감과 주도성이 훼손될 수 있기 때문에 강요하지 말고 존중해줘야 한다. 느린 기질의 아이에게는 재촉하지 말고 아이의 속도에 맞춰서 기다려줘야 한다.

성격의 기초가 되는 것이 기질이지만, 부모나 교사의 양육태도도 아이의 성격 형성에 영향을 미친다. 교사는 아이들의 기질도 파악하면서 긍정의 양육태도로 아이들과 상호작용을 해야 할 것이다. 그래야 건강한 성격의 아이들로 성장할 수 있기 때문이다.

만 2세 자위행위 어떻게 도와야 할지요?

"만 2세 반에서 실습을 했어요. 한 여아가 자위행위를 했어요. 담임 교사는 '하지 마'라고 하는데, 실제 반을 맡는 교사라면 어떻게 해야 할지 잘 모르겠어요."

어린이집 보육실습을 다녀온 예비보육교사가 최종 보고회 때 발표한 소감이다. 만 2세이면 우리 나이로 4세이다. 정신분석학자 프로이트는 이 시기를 '생식기'라 했다. 아이들이 성기에 관심을 두는 시기이다. 그렇더라도 어른들이 갖는 의미의 성에 대한 관심은 아니다. 이 아이의 자위행위도 마찬가지다.

그렇다면 4세 아이가 왜 자위행위를 하는 것일까? 이 시기는 신체적으로 충분히 활동해야 하는 시기이다. 실내 놀이나 바깥 놀이를 하면서 에너지를 사용해야 하는데 그럴 기회를 갖지 못한다면 아이의 에너지는 내면으로 흐른다. 그러므로 이럴 경우는 충분히 신체 활동을 통해 에너지를 발산하도록 해야 한다.

또, 아이가 자위행위를 하는 것은 불안에서 올 수 있다. 먼저 가정에서 부모와의 관계를 살펴볼 필요가 있다. 아이가 가장 사랑받고 싶은 대상, 아이의 마음속을 가장 많이 차지하고 있는 부모가 아이와 애착 관계가 형성되어 있는지 부모 상담을 통해 확인할 필요가 있다. 일부러 시간을 내서 부모 면담을 하면 가장 좋겠다. 그러나 이는 쉽지 않으므로 등·하원 시간이나 전화로 주고받는 말을 통해 부모와 아이의 관계를 가늠해볼 필요가 있겠다. 혹시 아이와 애착 관계 형성이 어려운 상황으로 파악된다면, 간접적인 질문을 통해 보호자가 깨닫도록 하고 에둘러 조언할 필요가 있다.

한편, 아이가 혹시 무료해 하는 환경은 아닌지 살필 필요가 있겠다. 아이의 관심과 호기심을 채워줄 수 있는 놀잇감인지 확인해 보면 좋을 것이다. 또 교사의 상호작용이 아이의 발달 단계에 높거나, 낮아 적합하지 않는지 점검해 봐야겠다. 놀잇감, 상호작용이 적절하지 않으면 아이는 무료함을 느낄 것이다. 그 무료함을 달래는 한 방법으로 자위행위를 할 수 있다.

아이가 자위행위를 할 때, "하지 마"라고 해서는 안 된다. 그냥 무심하되, 앞에서 제시한 것처럼 부모 상담이나 환경을 바꿔 주어야 한다. 만약 이때 교사가 아이에게 직접 말로 지적하게 되면 아이는 수치심을 갖게 되고, 이후 성에 대해서도 배타적이고 부정적인 생각을 갖게 된다. 교사의 지혜로운 지도를 기대한다.

아이의 성 정체성이 신경 쓰여요

"만 2세 남자아이입니다. 그런데 여성 취향이 있
습니다. 엘사 공주 옷을 입고 포즈를 취하고 흉내
를 냅니다. 손가락까지요. 신체 접촉을 좋아하기
도 합니다. 성 정체성이 신경 쓰입니다. 양육환경
은 자세히 모르는 부모님이 계십니다."

보육교사 직무교육 때 나온 질문이다. 성에 대해
서는 생물학적으로 태어났다는 의견과 양육환경에
의해 사회적으로 결정된다는 의견이 있다. 정신분석
학자 구스타프 칼 융은 인간은 '양성성'을 지닌 존재

라 했다. 즉 남성이지만 여성성을 가지고 있고, 여성이지만 남성성을 가지고 있다는 의미이다. 미국의 심리학자 '샌드라 뱀'도 같은 의견을 제시하면서, 본래 가지고 있는 양성성의 존재로 살아가게 하는 것이 더욱 넓은 선택의 폭을 가질 수 있다고 봤다. 실제로 사회적으로 유능하게 살아가는 사람들을 추적 연구한 결과, 어린 시기에 성 고정 관념에 얽매이지 않게 자란 사람들임을 밝혔다.

또 뇌 구조의 차이로 해석하기도 한다. 대체로 남성의 뇌를 '체계화의 뇌'로 불린다. 공간 능력이나 체계화가 뛰어나다는 것이다. 이에 비해 여성은 '공감의 뇌'라 불리는 공감 능력이 뛰어난 결과로 나타났다. 이처럼 뇌과학자들은 남녀의 차이는 뇌의 차이로 보고 있다. 그런데 약 7% 정도는 남자아이인데 '공감의 뇌'를 가지고 있고, 여자아이인데 '체계화의 뇌'를 가지고 있는 것으로 밝혀졌다, 질문에서 나온 아이도 이 이론에 의하면, 남자아이지만 여자아이의 뇌 구조를 가지고 있다.

반면에 머니 등(Money & Ehrhardt)의 연구에 의하면,

한 개인이 남자, 여자의 삼삭을 갖게 되는 것은 생물학적인 특성이 아니라 생후 2~4년 동안 양육자에 의해 형성된다고 보았다. 여자아이가 태아 때 안드로겐이 많으면 남자아이처럼 행동하고, 남자아이가 안드로겐이 적으면 여자아이처럼 행동하지만 성 정체성에는 영향을 주지 않는 것으로 봤다. 정신분석학자 이승욱은 성 정체성 밑그림을 그리는 시기는 3세 전후로 봤다. 생물학적인 영향도 있겠지만, 양육자의 영향을 받는다고 본다.

사례 속 아이도 가정에서 부모나 주변 사람의 영향이 있으리라는 짐작을 해 본다. 부모나 교사는 아이가 가지고 태어난 생물학적 성을 고려하되, 특정 성 역할을 강요하지 않아야 한다. 방탄소년단(BTS)의 뉴욕 유엔본부 연설이 화제가 된 적이 있다. 대표로 연설한 리더 김남준(RM)은 "국가, 인종, 성 정체성 등에 상관없이 자신 스스로에 관해 이야기하며 자신의 이름과 목소리를 찾길 바란다."라는 메시지를 담은 연설을 해서 공감을 얻었다. 균형 잡힌 성 정체성이 유능한 아이를 만든다.

아이들이 가지고 태어난 능력을 어떻게 발현하게 할 수 있을까?

"Melanie Klein은 자아가 출생부터 존재한다고 단언한다. 그리고 그녀는 많은 조직 과정들 심지어 에디퍼스 주제조차 출생 이후에 바로 존재한다고 그 시기를 지정하고 있다. 그녀의 두 가지의 발달상의 '위치'는 생후 첫해 동안 일어난다(임종렬·김순천, 한국가복복지연구소)."

대상관계상담심리사 자격 과정 강의 중, '대상과의 관계에 의한 발달단계들' 주제에 나오는 내용이다. 프로이트 추종자로 그의 이론을 발전, 확장시킨 대상관계 이론가 멜라인 클라인 이론의 핵심을 다룬 부분이다. 멜라인 클라인은 생후 1년까지의 발달을 중요시한다. 이미 아이들은 출생 때부터 자아를 갖고 있고, 프로이트가 유아기 아이들이 갖게 된다는 에디퍼스 개념, 즉 남자아이들이 엄마에게 갖게 되는 감정, 여자아이들이 아빠에게 갖게 되는 감정 등을 갖게 된다는 것이다.

자아나 에디퍼스 주제가 아니더라도 태어나서 1세가 중요하다는 것을 알 수 있다. 사실 프로이트도 인간의 발달을 5단계로 나누면서 태어나서 한 살 또는 한 살 반까지의 1단계인 구강기가 인간 발달에서 가장 결정적인 시기로 중요하다고 했다. 에릭 에릭슨도 인간의 발달단계를 8단계로 나누면서 1단계인 영아기를 중요하게 봤다. 마리아 몬테소리도 영아기를 무의식적인 흡수기라 했고, 특히 출생 후 1년을 가장 중요한 시기라 했다.

아이들의 이런 발달을 생각하면 부모나 교사의 역할이 얼마나 중요한지를 알 수 있다. 위에서 강조했듯이 이미 태어날 때부터 자아를 갖고 있는 아이, 에디퍼스 개념을 갖고 있는 아이들의 능력을 어떻게 발현하도록 할 수 있을까?

무엇보다 아이들의 능력을 믿어야 한다. 또 아이들이 좋아하는 활동을 할 수 있도록 아이들의 관심과 호기심을 파악해서 환경 구성을 해야 하며, 그 환경과 아이들이 스스로 상호작용하도록 해야 한다. 또 러시아의 심리학자 비고츠키가 강조한 비계설정, 즉 해답을 주는 것이 아니라 생각할 수 있는 힌트를 주고 발판이 돼주어야 한다.

아이들은 어른 하기 나름이더군요

"현재 만 4세 반을 맡고 있어요. 자기 생각대로만 하려는 아이들이 조금 신경 쓰이지만, 아이들은 어른들 하기 나름이더군요."

어린이집 보육교사가 한 말이다. 농촌 지역 어린이집으로 사회 현상인 저출생 문제가 그대로 나타나 정원이 65명인데 현원 38명인 곳이다. 교사가 한 말의 의미를 짐작할 수 있지만, 한가지 사례를 들어 이해를 돕고자 한다.

내가 도쿄 유학 시 실습했던 유치원 입학 조건은 반경 2.5㎞에서 오기, 통원버스 운행 안 하기 등이다. 멀리서 다니지 말고 가까이서 오되 차량으로 데리고 오지 말고, 자전거로 데려오는 것까지는 허용하겠다는 곳이다. 자연히 부모들은 등원 시간이면 자전거나 걸어서 아이들을 데리고 온다. 부모와 아이들을 유치원 입구에서 원장이 맞이한다. 각 반 선생님은 두 명이다. 한 명은 교실 입구에서 무릎을 꿇고 앉아 상냥한 표정으로 아이들 한 명 한 명 눈을 마주 보고 맞이한다. 다른 한 교사는 교실로 들어간 아이들이 자유활동을 하는 것을 지켜봐 준다.

이 장면을 귀국 후 예비 보육교사 양성 과정 교육 때 얘기했다. 어느 수강생이 졸업 후 어린이집 교사로 근무하다 직무교육 중 쉬는 시간에 나를 찾아왔다. 그는 내가 들려준 얘기대로 아침 등원 시간이면 무릎을 꿇고 앉아 아이들을 맞이하고 있단다. 물론 습관이 되지 않아 무릎을 꿇고 앉아 있는 것은 힘들다고 했다. 그런데 그런 교사를 만난 아이들의 변화이다. 명랑하면서도 소란스럽지 않고 자기 할 일을 알아서 잘하는 아이들로 어린이집 모든 선생님이 칭

찬한단다. 그러면서 담임 선생님인 그 교사에게 "어떻게 선생님 반 아이들은 그렇게 달라요?"라고 묻는단다.

아이들을 사랑하는 마음으로 힘들지만, 무릎을 꿇고 앉아 등원 시간에 아이들을 맞이하는 선생님을 생각해 보자. 그 선생님은 등원 때만 아니라, 다른 활동 때에도 아이들을 사랑하는 마음으로, 아이들 입장을 고려하며 상호작용을 할 것이다. 아이들은 선생님의 그 마음을 안다. 그래서 자연스럽게 교실 분위기가 활기차면서도 평화로운 것이다. 그 모습이 다른 교사들 눈에 띄는 것이다. 바로 아이들은 어른 하기 나름이다.

인도를 배경으로 한 영화 '지상의 별처럼'이 있다. 주인공 이샨은 자기 자신을 그대로 봐주는 사람이 없었다. 부모님은 미술 선생님 람니쿰이 이샨이 안고 있는 난독증을 이야기하기 전까지 공부하기 싫어하는 아이로 알았다. 미술 선생님은 그리한 부모님과 다른 선생님들에게서 자신감을 잃은 이샨을 격려하고 응원했다. 이샨은 그림에 재능이 있는 아이였다.

미술 선생님은 그런 그에게 있는 그대로 자신을 표현할 수 있게 했다. 미술 선생님의 진정성 있는 지원이 한 아이를 변화시켰다. 아이들은 어른 하기 나름인 것을 잘 보여주는 영화이다. 부모, 교사가 아이들을 마음으로 대할 때 아이들은 그것을 안다.

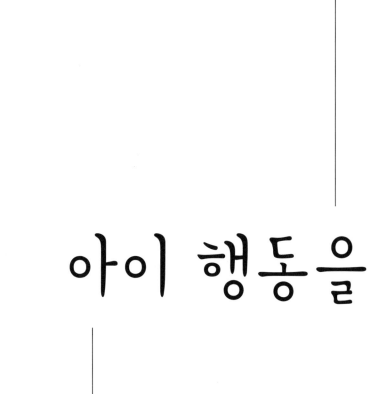

2장

아이 행동을

통한 심리 읽기

12개월 아이가 안아달라고 합니다

"보육교사 수업 때 교수님 말씀에 감명받았습니다. 카페에 오랜만에 들어왔네요. 늦둥이 아이 둔 분이 12개월 여아가 안아달라고 한다며 어떻게 해야 할지 물어봅니다. 그런데 저도 보육교사를 그만둔 지 오래되어 다 잊어버려 문의드립니다."

나에게 보육교사 교육과정 강의를 듣고 교사를 했던 분이 내가 운영하는 카페에 남긴 글이다. 이 내용만으로는 아이의 양육환경, 부모와의 관계 등을 파악하기 어려워 충분한 답변은 어렵지만, 아이들이 많이 보이는 행동으로 아이의 마음을 유추해서 해결책을 생각해 볼 수 있다.

12개월 아이가 안아달라고 하는 것은 무엇보다 먼저, 아직 충분히 사랑받는다는 생각이 부족해서 일 수 있다. 이때는 부모 쪽에서가 아니라 아이가 사랑받는다는 확신을 갖게 해주어야 한다. 눈을 마주치고 사랑한다고 말하며 충분히 안아주어야 한다. 또 위에 다른 형제자매가 있을 경우라면, 언니나 오빠보다 덜 사랑받는다는 느낌을 아이가 혹시 갖게 하고 있지는 않나 살펴볼 필요가 있다. 어떤 경우든 결론은 아이가 충분히 사랑받는다는 생각으로 만족하도록 해야 한다.

"아이가 어머니로부터 무엇인가를 받았다고 느낄 때는 아이가 원하는 것을 어머니가 주었을 때이다. 그것도 지체함이 없이 당장에 즐거운 마음으로 아이가 원한만큼 주었을 때이다. 그때 비로소 아이는 어머니로부터 충분히 받았다는 것을 느낀다. 이러한 관계적 현상을 정신분석학에서는 용전(containment)이라고 한다."

세계적인 소아정신과 의사들이 가장 주목하는 이론인 대상관계이론을 우리나라에 대상중심이론으로 소개한 책 〈모신〉에서 고 임종렬 박사가 한 말이다. 아이가 사랑받는다는 느낌을 받는 것은 부모가 해주고 싶은 것이 아닌, 아이가 원하는 것을 행복한 마음으로 해주었을 때라는 것이다. 그 상태를 '용전'이라 하는데, 용전의 관계가 형성되었을 때 위 사례의 경우는 아이가 더 이상 안아 달라고 하지 않을 것이다.

만일 교사가 현장에서 부모에게 이런 상담을 받았다면 어떻게 해야 할까? 바로 위에서 제시한 내용을 부모에게 전할 필요가 있다. 또 교사에게 안아달라고 하는 아이가 있다면 어떻게 해야 할까? 교사도 위에서 제시한 대로 아이에게 할 뿐만 아니라, 그 아이의 부모에게도 그렇게 할 수 있도록 전해야 한다.

교사가 아이를 안아줘야 한다는 의견에 "한 명의 교사가 여러 명의 아이를 보육할 경우, 한 아이만 계속 안아줄 수는 없는 상황이리 봅니다. 특별한 아이로 여겨지고 싶은 마음이 있는 걸까요? 다른 아이들이 그 아이를 미워해서 힘들어질까도 걱정이네요. 교사의 역할이 참 어렵다는 생각을 또 해봅니다."라고 한 댓글이 달렸다. 물론 여러 명을 돌보는 교사는 한 아이만 계속 안아 줄 수만은 없다. 그래도 아이가 안아달라고 한다면 조금은 더 신경을 써야 한다. 의견처럼 이 아이는 특별히 여겨지고 싶은 마음이 있을 수 있다. 그것은 바로 채워지지 않는 마음으로 관심을 더 받고 싶다는 신호이므로 그렇게 해주어야 한다. 그래야 이후에는 안아달라는 것을 멈출 수 있기 때문이다. 갈증이 있을 때 물을 마셔야 해결되는 원리와 같다.

만 1세아가 빨기에 집착해요

"만 1세 남아가 빨기에 집착합니다. 손가락 빨기는 물론이고요. 엄마는 3교대로 일을 하시는 분이고, 아빠는 회사원입니다. 아이는 아침 7시 30분에 등원해서 오후 7시경에 하원합니다. 어떻게 해야 할까요?"

어린이집 원장 직무교육 때 나온 질문이다. 정신분석학에서 프로이트는 만 1세는 구강기로 명명했다. 입을 통해 만족하려는 시기라는 의미이다. 그 때문에 이 시기 아이가 빨기에 집착하는 것은 발달단계 상 보일 수 있는 행동이다. 그러나 원장이 봤을 때 그 빨기가 지나치고 집착하고 있다고 보인 것이다. 그렇다면 아이의 심리적 문제와 관련된 행동이라 할 수 있다.

내가 직접 아이를 관찰하지 않았고, 부모를 만나 상담을 하지 않은 상황이기는 하지만, 아이가 정서적으로 불안한 상태로 보인다. 무엇보다 아이의 엄마가 3교대 근무자라는 것이 신경 쓰인다. 아이는 밤에 같이 옆에서 잠을 자야 하는 엄마가 없기도 한 것이다. 아이 입장에서 생각해 보자. 불안할 수밖에 없는 상황이다. 낮에는 긴 시간 엄마 아빠와 떨어져서 어린이집에서 지내고, 집에 가서도 엄마가 없을 때가 있는 아이의 마음이 헤아려지지 않는가. 교사나 원장 등 어린이집에서 어떻게 대응해야 할까?

어린이집에서는 아이의 마음이 불안하다는 것을 이해하고 가능하면 편하게 대해주고, 최대한 따뜻한 분위기에서 사랑받는 느낌이 들게 해주어야 한다. 부모에게는 아이의 행동을 사실대로 전하고 엄마가 아이와 더 많은 시간을 보낼 수 있는 방법을 찾아볼 것을 권해주었으면 한다. 아빠에게도 귀가 후 최대한 아이가 편안한 상태에서 지낼 수 있도록 하고 아이와 시간을 보낼 수 있도록 당부할 필요가 있다.

'아빠의 한 시간'이라는 이야기가 있다. 매일 늦게 귀가하는 아빠에게 어린아이가 묻는다. 한 시간에 얼마를 버느냐고, 아빠는 20달러라고 대답한다. 10달러를 갖고 있던 아이는 아빠에게 10달러를 빌려 달라고 한다. 처음에는 아이를 혼냈던 아빠가 10달러를 준다. 그러자 아이는 자신이 가지고 있던 10달러와 합쳐서 아빠에게 20달러를 주면서 말한다. "아빠의 시간 한 시간을 사고 싶어요. 내일 일찍 와서 저녁 식사 같이해요."라고.

아이들의 마음이다. 부모와 시간을 같이 보내고 싶은 것이다. 사랑은 시간을 함께 보내는 것이라고 생각한다. 물론 위 사례에서 아이의 부모는 직장 일 때문에 어쩔 수 없는 상황으로 아이와 함께하는 절대적 시간이 부족하고, 게다가 엄마는 어떨 때는 아이가 잠자는 밤에도 함께 하지 못한다. 커가는 아이는 기다려 주지 않는다. 발달에 중요한 시기 아이와 최대한 시간을 함께할 방법을 찾아야 할 것이다. 이를 전문가인 교사나 원장이 귀띔해 주었으면 한다.

짜증을 부리고 분노가 많은 16개월 아이가 있어요

"짜증을 부리고 분노가 많은 16개월 아이가 있었어요. 이 아이는 아침 7시 30분에 제일 먼저 어린이집에 와요. 원장이 출근하는 시간에 왔죠. 아이 엄마가 그 시간에 아이를 맡기고 출근해요. 아이는 선생님들만 몇 차례 바뀌고 오후 여섯 시까지 어린이집에서 지내는 거죠. 선생님들이 바뀐다는 것은 처음에는 원장이 맞이하고, 이후 오전 9시부터는 담임 교사, 늦은 오후에는 종일반 교사가 맡죠. 아이가 울면 제가 30초 정도 안아주면 안정이 되기는 했어요."

어린이집에 보육실습을 다녀온 예비보육교사가 한 말이다. 이 예비교사는 아이들을 사랑해서 보육교사가 되려고 한다며, 사랑스러운 아이들과 함께하는 보육을 할 수 있다는 게 행복하다고 했었다. 그러더니 실습을 다녀와서는 이 얘기를 전하며 아이들의 얼굴에 웃음기가 없다며 "아이들이 너무 딱하고 안타깝다."고 했다.

현재 많은 아이가 놓인 상황이다. 부모의 출근 시간에 맞춰 일찍 어린이집에 와서 지내다 늦은 오후까지 있다가 퇴근한 부모와 함께 집으로 간다. 아이 입장에서 아이의 마음을 생각해 보자. 아침 일찍부터 엄마와 떨어져서 어린이집에서 지내야 한다. 물론 교사들이 돌봐주고 또래들도 있다. 그러나 많은 시간 엄마와 떨어져 있어야 하고 위 사례처럼 돌봐주는 교사가 바뀌기도 한다. 아이 입장에서는 불안할 수밖에 없다. 그 불안이 짜증과 분노로 나타나기도 한다.

이 상황을 나아지게 하는 것은 교사 입장에서는 한계가 있다. 이 문제는 제도의 개선과 더불어 풀어가야 할 문제이다. 즉 발달에서 중요한 시기의 영아는 부모가 양육을 할 수 있는 안정적인 환경을 갖도록 해야 한다. 탄력적 근무시간 운영, 육아 휴직 기간 연장 등이다. 그러나 현실적으로 이런 환경이 어려운 부모들이 많다. 그렇다면 아이의 부모에게 교사가 해야 할 역할이 있다. 어쩔 수 없이 아이를 일찍 어린이집에 맡겨야 한다면, 가정에서 질적인 시간을 가져 아이와 안정애착 형성을 할 수 방법을 알려주어야 한다. 그래야 아이의 마음은 조금이나마 안정될 수 있고 원에서 짜증과 분노를 덜 나타낼 수 있다.

부모도 직장을 다니며 육아하는 게 많이 힘든 줄 안다. 사례의 엄마도 퇴근 후 원에 들어오기 전 30분 정도 원 밖에 있는 벤치에 앉았다가 아이를 데리러 온다고 한다. 그 시간이 아이 엄마는 유일한 쉼의 시간이라고 했단다. "얼마나 힘들면 그럴까?"라는 생각이 들고 그 엄마를 생각하면 안타깝기도 하다. 그래도 아이는 기다려주지 않으므로 아이와 같이 지내는 시간은 아이가 사랑받는다는 느낌을 갖게 해달라고 교사는 부모에게 전할 필요가 있다. 그 누구보다 부모의 사랑을 확인했을 때 아이는 건강하게 자랄 수 있고, 아이가 잘 자라는 게 그 부모도 바라는 바이기 때문이다.

친구 장난감을 뺏는 아이 어떻게 해야 할까요?

"20개월 전후 아이들 반을 맡고 있어요. 말은 두 단어 정도 하는 아이들이에요. 아직 대변 처리는 스스로 못하고요. 소유욕이 많아 자기 장난감이 있는데도 친구 장난감을 뺏어요. 어떻게 해야 할까요?"

어린이집 보육교사가 한 질문이다. 교사가 전한 아이들의 행동은 이 시기 발달 특성을 잘 보여주고 있다. 언어적으로는 울음으로 의사를 표현하던 아이는 12개월에서 15개월 사이에 한 단어를 사용하고, 18

개월에서 25개월 사이에는 두 단어를 사용한다. 이 시기 아이들은 '나' '너' 등의 단어를 사용하는 것을 볼 수 있다. 대변도 괄약 근육 발달이 가능한 18개월 전후로 아이 발달의 개인차를 고려해 서서히 대변 훈련을 시작할 단계이다.

아이들이 소유욕이 많다는 의미는 아직, 내 것과 다른 사람 것을 구별하지 못한다고 할 수 있다. 그래서 내가 가지고 놀고 있는 장난감이 있음에도 다른 친구가 가지고 있는 장난감을 뺏으려고 하는 것이다. 인지 발달적으로 '하나' '더 많이'라는 개념을 이해하고, 자신의 불만을 나타내기도 하는 시기이다. 아이는 다른 친구와의 갈등 경험, 교사의 적절한 개입을 통해 모든 것이 내 것이 될 수 없음을 알아가게 된다. 그러므로 친구 장난감을 뺏는 것에 대해 교사는 아이의 발달과 배움의 장으로 활용할 필요가 있다.

취학 전 반 아이들과 지낼 때 일이다. 학습지 전문 교사인 엄마와 집에서 지내다 만 5세가 되어서 처음으로 어린이집에 온 외동아이가 있었다. 만 5세임에도 뭐든지 혼자 독차지하려고 했다. 집에서는 뭐든지 혼자 가지고 놀아도 되고, 혼자 먹어도 되었기 때문이다. 그러나 어린이집에 와서는 친구들과 장난감을 가지고 놀아야 하고, 먹는 것도 나눠 먹기도 해야 한다. 그런데 아이는 그런 경험이 없었기에 당연히 혼자 장난감을 차지하려 했고, 먹으려 했다. 그런 의미에서 아이들에게 같이 사용하고, 나눠 먹는 등의 교육적 경험이 필요하다는 것을 알 수 있다.

'놀이치료로 행복을 되찾은 베티'라는 책에서 베티는 태어나서부터 욕구를 충족시킬 수 없는 환경이었다. 그러한 환경이 욕구를 충족시키려는 소유욕으로 나타나고 있다고 저자는 말한다. 그런 의미에서 아이가 지나치게 소유욕이 강하다면, 가정환경을 살펴볼 필요가 있다. 부모를 만나 아이의 행동을 전하고, 아이가 원하는 것을 충족시켜 줄 수 있도록 부모에게 권면해 보는 것도 전문가로서 교사가 해야 할 역할이다.

아이들의 행동은 그냥 하는 게 없다. 발달상 필요하다는 신호를 보내고 있다. 그 신호를 민감하게 알아채고 반응하는 게 어른들이 할 일이다.

토하는 아이가 있어요

"늦게 등원하는 아이가 있었어요. 선생님 눈치를
보다가, 선생님이 조금 강압적인 모습을 보이면
토해요."

보육실습 지도 중 들은 얘기다. 코로나19 상황 중
지도라 교실 안까지 들어갈 수 없었다. 밖에 선 채로
예비 보육교사에게 애로사항이 있는지 물었다. 그때
예비교사가 전한 사례이다.

아이 엄마는 결혼이주여성이라 한다. 아빠는 외국

에 나가 있고 엄마와 함께 늦게 등원한단다. 등원 후 아이는 늘 담임 선생님 눈치를 보고, 선생님이 조금 강압적인 모습을 보이면 토하기를 한다는 것이다. 이런 아이를 보고 안 됐다는 생각이 들어 예비교사가 아이에게 조금 친절하게 대해줬더니 자기에게 와서 안긴다고 한다.

아이의 마음을 생각해 보자. 아이는 한국어가 잘 안되는 엄마와 살고 있다. 어린이집에 와서도 담임 선생님이 따뜻하게 대해주기보다 조금 무섭게 한다. 아이 마음은 분명 불편할 것이다. 그 불편함을 토하기로 자기 마음을 보여주고 있다. '토하기'는 다른 말로 '보여주기'라 한다. 즉 행동으로 자기 마음을 보여준다는 의미이다.

의사, 교육자, 작가, 아동복지시설 원장이었던 폴란드의 야누스 코르착은 "세상에는 많은 끔찍한 일들이 있지만, 그중에 가장 끔찍한 것은 아이가 자신의 아빠, 엄마, 선생님을 두려워하는 일이다."라고 했다. 아이들에게 아빠, 엄마, 선생님은 어떤 존재인가. 아이들의 가장 가까운 곁에서 아이들을 보살피는 사람들이다. 그 사람이 아이를 무섭게 하면 아이 발달에 부정적일 수밖에 없다.

임상가들이 가장 중요하게 생각하는 방어기제는 '억압'이다. 그 이유는 '억압'된 경험은 이후에 반드시 병리적인 모습으로 나타난다고 보기 때문이다. 부모나 교사가 무섭게 느껴지면 아이들은 밖으로 표현하지 않고 '억압'시킨다. 그런 의미에서 사례 속 아이가 밖으로 보여주는 토하기는 아이의 발달을 위해 '억압'보다 나을 수 있다고 볼 수 있으나, 아이 마음은 불편하다는 것을 보여주고 있다.

제대로 된 몬테소리 교육을 하는 곳에서는 따뜻한 교실 분위기를 연출하기 위해 교구, 책상, 의자 등을 모두 분홍색을 사용한다. 몬테소리 교육에서 교사의 역할은 가르친다는 표현을 사용하지 않고 안내자, 지원자라 한다. 몬테소리 교육 창시자 마리아 몬테소리는 교사의 역할을 "아이에게 교사가 필요할 때는 바로 옆에 있었던 것처럼 반응해 주고, 아이들이 환경과 상호작용을 잘하고 있을 때는 없는 존재가 되어야 한다."라고 했다.

그런데 사례의 교사처럼 아이에게 눈치를 주고, 강압적으로 할 때 아이는 얼마나 심리적으로 불안하겠는가. 따뜻하게 아이들을 대해주고, 부모에게도 그렇게 할 수 있도록 해야 한다. 교사는 전문가임을 잊지 말았으면 한다. 전문가는 그 분야를 잘 알고 제대로 자기 역할을 하는 사람이다.

엄마가 보고 싶다고 우는 아이가 있어요

"아침 등원 시 매일 우는 아이가 있습니다. 제가 교실로 안고 들어와도 겉옷을 벗지 않으려고 합니다. 엄마가 보고 싶다고 웁니다. 그러다가 다행히 점심 먹고 나서 낮잠 자고 나면 잘 놉니다. 양육환경은 6개월 된 남동생이 있고, 엄마가 등원과 하원을 해주십니다. 가끔 외할머니가 해주실 때도 있고요."

보육교사 대상으로 하는 '영아 전담' 강의 때 나온 아이 행동이다. 이 아이는 엄마와 안정애착이 형성되지 않았다고 볼 수 있다. 엄마가 자신을 사랑해 준다는 믿음과 확신이 있다면, 잠시 엄마와 떨어지지 않으려 할 수 있어도 울면서 계속 엄마를 찾지는 않는다.

이 아이 마음의 단서는 6개월 된 남동생이 있다는 것이다. 엄마는 동생을 돌보느라 아무래도 큰아이에게 신경을 덜 쓰고 있을 터이다. 그 경우 아이들은 민감하게 그걸 안다. 그동안 자신에게 온 시간을 다 써준 엄마가 동생에게 더 많은 시간을 보내고 있어, 큰아이는 엄마가 자기를 덜 사랑한다고 생각할 수 있다.

교사는 엄마와 면담을 통해 어린이집에서의 아이 행동을 사실대로 말해주고, 큰아이에게 "동생은 아기이기 때문에 더 신경 쓰지만, 여전히 너를 사랑한단다."라는 메시지를 줄 수 있도록 조언해 주면 좋을 것이다. 또 동생 기저귀를 갈 때 기저귀 심부름 등 동생 돌봄에 참여시켜 동생은 보살펴줘야 하는 존재임을 스스로 깨닫는 기회를 주라고 부모에게 권면해 보길 바란다.

큰아이들이 다시 아기처럼 행동하는 것을 정신분

석학에서는 방어기제 중 '퇴행'이라 한다. 다시 아기가 되어야만 예전에 받았던 사랑을 받을 수 있다고 생각하는 것이다. 아이의 그런 마음을 읽어주고 부모가 그 마음을 채워줘야 아이는 안정감을 느끼고 어린이집에서도 잘 지낼 수 있다.

책을 읽어달라고 조르는 아이의 심리는?

"만4세아로 어린이집에 제일 먼저 왔다가 제일 늦게 가는 아이가 있었어요. 부모님이 직장을 다니고 계셨고요. 자유놀이 시간에 다른 아이들은 여러 영역을 바꿔가며 노는 반면, 이 아이는 항상 쌓기영역에서 혼자 놀았어요. 아빠와 밤늦게까지 게임을 하느라 잠이 부족해서인지 무기력하기도 했고요. 제가 관심을 갖고 사랑으로 대했더니. 어느 날부터 언어영역으로 와서 그림책을 읽어 달라고 했어요. 다른 아이들처럼 저의 관심을 받고 싶어 하는 듯했고 질문도 하기 시작했습니다."

보육교사가 전한 말이다. 어린이집에 제일 먼저 왔다가 제일 늦게 가는 아이의 마음은 어떨까? 아이의 마음을 읽을 수 있다. 아이는 불안할 터이다. 그 불안이 또래들과 원만한 상호작용을 하지 못하고 혼자 주로 놀이는 하는 모습을 보여주고 있다.

교사가 관심을 보였더니 아이는 안다. 선생님이 자기를 좋아해 주고 있다는 것을. 아이가 그 교사에게 그림책을 읽어달라는 것은 그림책 내용이 재미가 있어서라기보다, 선생님과 함께하고 싶다는 신호이다. 이는 가정에서도 마찬가지다. 아이들은 같은 그림책이나 동화책을 몇 번이고 읽어달라고 할 때가 있다. 이는 읽어주는 사람과 함께 하고 싶다는 의미이다.

어린이집에서는 한 아이에게만 교사가 계속 읽어줄 수 있는 상황이 안되기도 하지만, 무엇보다 부모가 가정에서 아이와 질적인 시간을 가질 수 있도록 조언할 필요가 있다. 왜냐하면 아이가 어린이집에서 보이는 행동은 부모와의 관계에서 불안 때문에 보이는 행동이기 때문이다.

사랑을 해 본 사람 안다. 사랑하는 사람과는 함께 시간을 보내고 싶다. 그래서 나는 사랑은 '시간을 함께 하는 것'이라고도 정의한다. 부모는 아이를 사랑한다. 그렇다면 게임보다 아이와 얼굴을 보며 얘기하고 몸을 부대끼며 함께 시간을 보내야 한다. 그렇게 할 수 있도록 전문가인 교사가 매개 역할을 했으면 한다.

손을 잡아줘야 낮잠을 자는 아이가 있어요

"39개월 여아입니다. 엄마는 일찍 출근하고 늦게 퇴근하다 보니, 일을 하기는 하나 시간이 비교적 자유로운 아빠가 등·하원을 시켜줍니다. 에너지가 많아 앉을 때도 높이 뛰어오른 뒤 털썩 앉습니다. 모든 일을 자신이 해야 합니다. 예를 들어 선생님이 색종이를 다른 아이에게 시켜서 가져오게 하면, 그 색종이를 다시 제자리에 갖다 놓은 후 자기가 가져옵니다. 선생님에게 신체적 접촉을 많이 요구합니다. 낮잠을 잘 때도 오래 토닥여주고 손을 잡아줘야 잠을 자는 아이입니다."

보육교사 직무교육을 받으러 왔던 어린이집 교사가 전한 말이다. 교육 중, 맡고 있는 아이 행동 중 교사로서 신경 쓰이는 아이 행동을 적어보라고 했을 때 남긴 사례이다.

아이의 행동을 통해 관심과 인정, 사랑받기를 원하고 있다는 것을 알 수 있다. 관심을 받고 싶어 뭐든지 자신이 하려고 하고 행동을 크게 한다고 볼 수 있다. 또 선생님에게 접촉과 손을 잡아 달라고 요구하고 있다. 아이들은 누구나 그렇고, 관심, 인정, 사랑을 먹고 성장한다. 그런데도 이 아이처럼 그 정도가 유난히 눈에 띈다는 것은 부족하기에 더 강하게 원하고 있다는 의미이다. 아이의 부모도 아이를 사랑하고 있겠지만, 아이 입장에서 생각하면, 일찍 출근해서 늦게 돌아온 엄마의 사랑을 더 받고 싶다는 마음이 드러나고 있다고 보인다.

이 경우 교사가 해야 할 역할은 무엇일까? 등·하원을 맡는 이뻐의 개별 면담 시간을 마련해서 원에서 아이가 하는 행동을 사실대로 말할 필요가 있다. 그러면서 아이의 마음, 즉 더 많은 관심과 사랑을 받고 싶다는 마음을 전할 필요가 있다. 아빠도 그런 노력을 할 필요도 있지만, 이 내용을 엄마에게도 전달이 될 수 있도록 해야 한다. 필요하다면 교사는 엄마와 면담 시간을 갖고 같은 내용을 얘기 나눴으면 한다.

아이는 가장 사랑받고 싶은 부모의 사랑이 확인됐을 때 어린이집이나 유치원에서도 편하게 지낼 수 있다. 부모 만나는 것을 어려워하지 말고, 부모와 같이 아이의 성장과 발달을 돕는 교사이기를 바라본다.

낯가림이 심해 쉽게 또래들과 어울리지 못해요

"42개월 여아로 외동입니다. 등원과 하원은 엄마와 합니다. 아빠는 직장에 나가고요. 낯가림이 심해 동네에서 이웃을 만나도 엄마 뒤에 숨어버리곤 한답니다. 그뿐만 아니라 낯선 사람에게는 인사도 하지 않는다고 하더군요. 아침에 어린이집에 등원해서도 또래들 놀이를 그저 바라보기만 합니다. 그러다가 한참 시간이 지나야 천천히 스며들어 함께 놉니다."

보육 교직원 직무교육 때 보육교사가 전한 말이

다. 〈영유아 행동의 이해〉 관련 과목 강의를 하면서, 아이들과 같이 지내면서 교사로서 신경 쓰이는 행동을 써보라고 했더니 남긴 메모이다.

연구에 의하면 아이들은 태어나서 6개월 전후에 자신을 돌봐주는 사람과 그렇지 않은 사람에 대해 낯을 가리기 시작한다. 낯을 가린다는 것은 익숙한 사람과 그렇지 않은 사람을 구별할 줄 아는 분별력이 있다고도 볼 수 있다. 2세 정도가 되면 낯가리는 행동은 대부분 없어진다. 수줍음을 연구하는 학자들은 인간의 정서 중 수줍음은 유전의 영향이 크다고 본다.

그에 반해 소아신경과 전문의 김영훈은 부모가 지나치게 과잉보호하면 낯을 심하게 가리는 아이로 성장할 수 있다고 한다. 독서코칭 전문가가 전한 사례가 있다. "과잉보호가 낯가림의 원인인 것 같아요. 몇 년 전 방문했던 집의 3살 아이가 낯가림을 하길래 그 아이 앞에서 '잠시 후에 다른 손님이 오면 아마 낯을 가리지 않을 거예요'라고 했어요. 10분 후 손님이 오자 매주 보는 외할머니도 낯을 가렸던 아이가 처음으로 낯을 가리지 않았어요." 과잉보호가 그 아이를 낯가리는 아이로 키웠다고 했다. 또 그는 평소 아이한 테 한 "낯을 가린다."라는 말이 그 아이에게 오히려 낙인효과가 생겼는데, 반대로 말해주니 아이도 행동 을 바꾼 거라고 설명을 덧붙였다.

내성적이고 낯가림이 심했지만, 세미나 강사, 비 즈니스 회사 대표가 된 다카시마 미사토(高嶋美里)는 〈낯가림이 무기다〉라는 책을 펴냈다. 부제는 '소리 없이 강한 사람들'이다. 그는 90% 사람들이 낯을 가 리는 편으로 본다. 그러면서 낯을 가리는 사람은 감 지하는 능력과 관찰력, 공감력을 가진 사람으로 본 다. 그래서 사람이나 상황을 민감하게 파악해서 다 른 사람보다 더 나은 소통 방법을 찾아낼 수 있다고 한다.

위 사례를 전한 교사는 아이가 걱정스럽다는 의미 로 말했으나, 너무 걱정하지 않아도 된다. 외동으로 혼자라서 그럴 수도 있고, 2세가 지났는데도 낯을 가 린다면 수줍음이 많은 이이리고도 볼 수 있다. 또 기 질적으로 천천히 반응하는 아이일 수도 있다. 느린 아이들은 기다려 주어야 한다. 재촉하면 아이는 더 위축되고 성격 형성에도 부정적으로 영향을 끼칠 수 있다. 사례 속에 나오는 아이는 '낯가림을 무기'로 '소리 없이 강한 사람'으로 성장할 수도 있다. 지켜보는 보육을 하자.

자기중심적 사고를 보이는 네세 아이

"이것 봐봐, 나무 아래 앉아서 다 보이는 데 눈 감고 자기 찾아보래."

스마트폰에 들어있는 손녀 사진을 보여주며 할머니가 말한다. 태어난 지 얼마 안 됐다고 생각했는데 벌써 네 살이 되었다고 한다. 아이들이 자라는 것을 보면 세월의 흐름이 얼마나 빠른가를 새삼 느낀다.

10여 명의 지인과 점심 약속이 있었다. 주최하는 입장이라 오전에는 준비로 분주했다. 약속 시간이 되어 한두 명씩 들어선다. 야외에 식사 준비를 했는데, 더 늦은 시간에 내린다던 비가 내리기 시작한다. 음식을 안으로 들여서 식사했다. 식사를 마치자 비가 그쳤다. 다시 자리를 준비해 둔 야외로 나가 차와 후식을 먹으며 담소를 나눴다. 그때 지인 중 한 명이 돈을 내고라도 한다던 손주 이야기를 꺼낸 것이다.

네 살 아이가 다른 사람들은 다 보이는 곳에 숨어서 눈을 감고 "나 찾아봐라."라고 술래놀이를 하는 것은 이 시기 아이의 사고 특성을 잘 말해주고 있다. 스위스의 생물학자로 자신의 아이들 세 명을 대상으로 사고 발달을 연구한 인지 발달학자 장 피아제는 이를 아이들이 보이는 '자기중심적인 사고'라 했다. 여기서 '자기중심적'이란 이기적이라는 뜻이 아니다. 다른 상황이나 전체를 생각하지 못하고 자기가 생각하거나 판단한 것이 사실이라고 말하는 것을 말한다.

피아제가 했던 실험은 '세 산 모형실험'이다. 탁자 위에 세 산 모형을 올려놓는다. 산 모양과 꼭대기 형태가 각각 다른 산들이다. 아이에게 각 측면에서 산을 바라보게 한 다음, 아이를 의자에 앉게 하고 맞은 편에 인형을 앉힌다. 아이에게 묻는다. "맞은 편에 앉은 인형은 어떤 산 모양이 보일까?" 성인은 당연히 맞은 편에 앉아 있는 인형 방향에서 보일 산 모양을 말할 터이다. 그런데 아이는 자기 자리에서 보이는 산 모양을 말한다. 이를 두고 피아제는 아이들이 보이는 '자기중심적인 사고'라고 했다.

이러한 사고에서 벗어나는 것은 연령의 증가와 더불어 사고의 발달로 전체를 파악할 수 있는 조망 수용 능력이 생겼을 때 가능하다. 또 경험도 필요하다. 어린이집이나 유치원에서 교사들도 이와 비슷한 상황을 경험할 것이다. 그때 이 시기 아이들 사고 발달에 대한 이해를 갖고 상호작용해야 한다. 예를 들어 율동 시간에 아이들이 오른손을 올려야 하는 상황이라면 아이들과 마주 서 있는 교사는 왼손을 올려야 한다. 교사가 전문적 지식을 공부해야 하는 이유이다. 그래야 아이의 발달을 알고 제대로 교사의 역할을 할 수 있기 때문이다.

언니가 있었으면 좋겠다고 말하는 아이

"나도 언니가 있었으면 좋겠어. 내가 양보하지 않아도 되니까. 엄마 아빠는 맨날 나한테만 양보하라고 해. 동생만 돌봐 주고…."

동생이 있는 아이가 오랜만에 만난 삼촌에게 울먹이며 한 말이다. 큰아이들이 흔히 보이는 사례다. 삼촌은 아이에게 말했다. "○○가 태어나기 전 온 식구들이 너만 사랑했단다."

사실 그랬다. 집안에 갓난아이가 오랜만에 태어났다. 아이의 고모할머니였던 나도 그 아이의 돌잔치를 챙기며 사랑을 표현했다.

아이의 외조부모와 삼촌, 엄마와 아빠는 더 말할 나위 없이 아이에게 마음을 쏟았다. 아이의 아빠는 아이 목욕시키기, 식사 챙겨주기, 함께 나들이 등을 하며 아이와 시간을 보냈다. 종합병원 간호사인 아이 엄마는 아이들이 사랑스럽다고 산부인과를 지원했을 정도이고, 아이를 하나 더 낳고 싶다고 할 정도이니 첫째 아이를 얼마나 사랑했을지 짐작이 간다. 그런데도 아이는 자기가 사랑받은 것보다 현재 눈에 보이는 엄마 아빠 행동에 속상해하고 있다.

첫째 아이가 이런 행동을 보일 때 부모나 교사 등 양육자가 할 수 있는 일은 아이의 마음을 읽어주는 것이다. 아이는 자신도 엄마 아빠의 사랑받고 싶다는 신호를 보내고 있다. 부모는 큰아이가 사랑받는 믿음과 확신을 갖도록 해야 한다. 또 첫째 아이가 동생의 돌봄에 참여하는 과정을 통해 자신보다 어리므로 돌봐야 하는 존재임을 몸소 깨닫게 해야 한다.

김영훈 소아신경과 전문의는 "동생의 기저귀를

갈 때 큰아이한테 기저귀를 가져오게 한다든지, 젖병을 가져오게 한다든지 하여 어린 동생과 첫째에게 연결의 끈을 만들어주어야 한다. 동생은 아직 어려 잘 보살펴야 할 존재고, 형이나 언니로서 동생을 돌봐주는 것은 의젓하고 대견한 행동이라고 격려하여야 한다."라고 한다.

인간관계에 어려움을 호소하는 40대를 만난 적이 있다. 그는 농촌에서 6형제 속에서 자랐다. 유년기를 떠올렸을 때 엄마가 자신을 별로 좋아하지 않았다는 기억이 떠오른다고 했다. 어렸을 때는 아이가 누구의 사랑을 가장 받고 싶겠는가. 당연히 부모, 그중에서 엄마라는 존재는 아이에게 독보적이다. 그런데 그 엄마에게 사랑받지 못했다는 기억은 상처이다. 그 상처는 부정적인 영향을 미친다고 볼 수 있다.

아이가 삼촌에게 마음을 말했던 것은 자기를 사랑한다는 믿음과 확신이 있기 때문이다. 아이들이 어린이집이나 유치원에서도 삼촌에게 말했듯이 교사에게 말할 수 있다. 반 아이 중 이런 아이가 있다면 교사는 부모에게 앞서 말한 역할들을 할 수 있도록 해야 한다.

말을 듣지 않는 아이 어떻게 대해야 할까요?

"아이들에게 항상 따듯하고 친절하게 한결같이 대하려고 노력 중입니다. 잦은 지각, 또는 숙제를 지속적으로 해 오지 않고 단어를 미리 공부해오지 않는 게으른 모습을 고치지 않는 아이들은 어떻게 대해야 할까요?"

내가 운영하는 블러그에 올린 칼럼에 댓글로 올라온 질문이다. 닉네임을 보니 영어학원 원장이나 교사인 듯하다. 다음 내용으로 답변했다. "이런 아이들 있지요. 아이들이 알아서 잘하기는 어렵겠지요? 이 아이의 행동은 게으른 모습이라기보다 관심받고 싶은 행동일 수 있습니다. 그러면 왜 관심받고 싶어 하는가는 이 아이와 부모와의 관계, 아이와 교사와의 관계를 잘 알 수 없지만, 두 관계 중 아이는 자신이 그 대상에게 관심과 사랑을 원하는 만큼 받지 못한다고 생각하고 있을 수 있습니다. 두 관계를 살펴본 후 아이가 원하는 사랑으로 채워져야 해결될 수 있습니다. 이럴 때 혼낸다고 문제가 해결되지 않습니다. 아이가 원하는 것이 충족되었을 때 해결됩니다. 다음 칼럼에도 해결책에 관한 관련 내용 있으니 참고해 보세요. https://blog.naver.com/kje06/222970122501"

더 읽어보기를 권장한 칼럼은 〈공격적인 23개월 아이들을 어떻게 해야 할지 모르겠어요.〉라는 제목의 칼럼이다. 보육교사가 "23개월 쌍둥이 형제입니다. 초등학교 1학년 누나가 있습니다. 엄마가 주 양육자로 키웠는데 형제간에 형, 동생의 관계보다 친구 관계로 키웠다고 합니다. 위 아이는 놀이 중 다른 또래가 마음에 들지 않는 행동을 하면 큰 소리로 울면서 상대를 물어버립니다. 지금 마스크를 쓰고 있는데도 다른 친구를 뭅니다. 아래 아이는 손에 들고 있는 블록, 모형 동물 등 손에 들고 있는 놀잇감을 상대에게 던집니다. 또 두 아이 모두 소리소리 지릅니다. 어떻게 해야 할지 모르겠어요."라고 질문을 토대로 작성한 칼럼이다.

여기서도 내가 제시한 해결책은 먼저 아이가 가장 사랑받고 싶은 대상인 부모와의 관계를 살펴볼 필요가 있음을 조언했다. 또 아이가 선생님이 자신을 진심으로 사랑한다는 믿음과 확신을 갖도록 해줘야 함을 전했다. 이 상황도 같은 답변을 할 수밖에 없는 내용이다. 그러면서 직무교육 때 쉬는 시간에 한 교사가 찾아와 상담을 요청한 사례를 전했다. 한 아이가 책상에 올라가지 말라고 해도 선생님 말씀을 전혀 듣지 않고 계속 책상에 올라간다며 어떻게 해야 할지 모르겠다는 내용이다.

해결책은 교사의 말을 듣고 나서 내가 교사에게 물었다. "선생님, 그 아이를 사랑하시나요?" 왜냐하면 교사가 하는 말속에서 아이를 별로 좋아하고 있지 않다는 게 느껴졌기 때문인데, 대답은 내 느낌대로 "아니요. 교수님 사실은 그 아이가 미워요."라고 했다는 것이다. 내가 느끼듯이 아이도 선생님이 자기를 별로 좋아하지 않는다고 느끼고 있다는 것을 말했다. 그러면서 "아이들을 지도하기 이전에 관계 맺기가 우선이고, 관계 맺기의 핵심은 아이들을 진심으로 사랑해서 아이들이 그걸 아는 것이다. 그랬을 때 교사의 말을 듣는다. 초심을 잃지 말고 아이들과 관계 맺기를 하고, 부모들도 변화시키고자 하는 전문가 교사를 응원한다."고 글을 맺었다.

유치원이나 어린이집 교사들도 블러그에 질문을 단 분처럼 모든 아이에게 항상 따듯하고 친절하게 한결같이 대하려고 애쓰리라 본다. 그런데도 위 내용과는 다르더라도 신경 쓰이는 아이들이 반드시 있을 것이다. 예를 들면 심하게 장난을 치거나 다른 아이들을 깨물거나 때리거나, 또는 물건을 던지거나 큰 소리를 지르거나 등이다. 역시 위에서 제시한 해결책으로 접근해야 함을 다시 한번 전하고 싶다. 교사 역할이 쉽지 않지만, 아이들 발달의 중요한 시기에 관여하는 전문가임을 잊지 말았으면 한다. 동경에서 국제 몬테교사자격학교 졸업 시 마쯔모트 시즈코 선생님께서 "교사로서 한 아이의 인격 형성에 관여한다는 점을 기억해 달라."고 했던 축사가 귓가에 남아 있다. 아이들에게 항상 따듯하고 친절하게 한결같이 대하려고 노력하는 교사들을 응원한다.

3장

가르치는 것이 아니라

지원하고 함께하기

아이 발달은 대상과 관계가 중요하다

"36개월간의 경험들이 아이가 사용하게 될 운명의 재산이 된다는 말이 인상 깊은 시간이었습니다." "나는 과연 얼마큼 따뜻하고 부드러운 사람인지 깊이 반성한 시간이었습니다." "아이에게 내가 어떤 날씨였는지 꼭 물어보겠습니다. 엄마는 자신의 모습을 아름답게 가꾸어야 한다는 말을 새겨보겠습니다." "아이가 태어나서 최초로 만난 내싱이 따뜻하고 포근한 날씨의 사람이라면 아이는 세상이 참 살만한 곳이라는 생각을 하며 세상을향해 당당히 걸어 나갈 것 같습니다." "어릴 때 안정애착은 무척 중요하다는 생각을 늘 갖고 있습니다. 그래서 부모교육이 필요하다는 생각과 함께 양육환경이 좀 더 편안한 사회가 되었으면 하는 바램을 가져봅니다."

세계적인 소아정신의학과 의사들이 주목하는 상담이론이 있다. 어릴 때부터 대상과의 관계가 중요함을 강조하는 대상관계이론이다. 동경 유학 7년 포함해 여러 상담이론을 공부하고 익혔다. 그중 인간이 나타내는 증상을 가장 잘 설명할 수 있는 이론이 대상관계이론이라는 생각이다. 그래서 다시금 심도 있게 공부해서 1급 상담사 자격을 취득했다. 그동안 임상 경험도 했다. 관련 자격을 취득하는 교육과정 개설 협약을 체결해서 시작했다. 위 내용은 첫 강의 소감이다. 다음은 강의 후 소감들이다. 강의내용과 내가 강조했던 내용들을 알 수 있다.

"에너지를 공급하는 양육자의 대상은 한번의 공급으로 평생을 사용해도 그 바닥이 나지않는 양질의 에너지를 아이에게 공급해야 한다는 점을 알게 되었습니다." "가족치료에 있어서 대상 혹은 대리 대상을 중재하고 교육하고 통제하는 것이 중요한 영구적인 치료를 가능하게 하는 치료적 접근이라 봅니다." "대상관계이론에서의 정신 구조의 형성은 외부의 대상이 동일시에 의해 내면화를 통해 형성되므로 대상이 매우 중요하다는 생각입니다."

"한국은 가족 구성원들이 격리와 개별화가 잘 이루어지지 않은 가족이 많은 것 같습니다. 그것을 우리는 흔히 화목하고 건강한 가족이라고 생각하는데 이에 대해 한 번 더 생각해 보는 시간이 되었습니다." "위니컷의 충분히 좋은 어머니가 인상적이었습니다. 매일 매일 안아 주고 노래 부르면서 따뜻하게 눈 맞추며 이야기 나누기 누구라도 할 수 있는 간단한 방법인데 놓치기 쉬운 양육 방법이기도 합니다." "아이는 공급받는 에너지의 질에 대한 선택의 권한이 없고 대상에 의해서 그 질이 결정된다는 것을 알게 되었습니다. 평생을 시용해도 비닥이 나지 않는 양질의 에너지를 공급해주기 위해 공급자인 양육자의 아이를 향한 근본적인 태도를 변경시켜주는 것을 아이가 지닌 문제행동을 치료하기 위한 목표로 한다는 말이 인상 깊었습니다."

"증상보다는 증상 밑에 숨겨진 것을 찾는 것이 정신분석적 치료이다라는 것을 알게 되었습니다." "정신분석 치료의 의미는 자신의 과거로 돌아가 자신에 대한 전반적인 이해 즉 통찰을 가져오는 것임을 알았습니다." "주양육자인 어머니와의 초기관계를 통해 아이의 성격이 형성되고 우리의 정신구조역시 대상과의 관계를 내면화하는 과정이라는 것을 알았습니다." "초기 인간관계가 성인이 되어서도 지속적으로 영향을 끼친다는 것을 통해 영유아기의 안정애착의 중요성에 관해 다시 한번 더 숙고하는 시간이었습니다."

뜨거운 여름 한 철 교육과정을 진행했다. 교육생 중 대학원 과정에서 공부하는 사람들이 새 학기는 벅찰 것 같다고 해서 잠시 숨 고르기를 하고 있다. 겨울 방학에 다시 집중 강의를 하기로 했다. 인간은 누구나 대상과 관계를 통해 성장 발달한다. 초기에 그 대상이 부드럽고 따뜻한 날씨처럼 느낄 수 있는가가 한 인간 발달에 중요하다. 드라마 '이상한 변호사 우영우'에서 동료 변호사를 두고 우영우가 '따스한 봄날'로 느꼈듯이. 교사는 아이들이 가장 사랑받고 싶어하는 대상의 사랑을 받도록 해줘야 한다.

공격적인 23개월 아이들을
어떻게 해야 할지 모르겠어요

"23개월 쌍둥이 형제입니다. 초등학교 1학년 누나가 있습니다. 엄마가 주 양육자로 키웠는데 형제간에 형, 동생의 관계보다 친구 관계로 키웠다고 합니다. 위 아이는 놀이 중 다른 또래가 마음에 들지 않는 행동을 하면 큰 소리로 울면서 상대를 물어버립니다. 지금 마스크를 쓰고 있는데도 다른 친구를 뭅니다. 아래 아이는 손에 들고 있는 블록, 모형 동물 등 손에 들고 있는 놀잇감을 상대에게 던집니다. 또 두 아이 모두 소리소리 지릅니다. 어떻게 해야 할지 모르겠어요."

보육교사를 대상으로 〈영유아 행동의 이해〉라는 내용으로 직무교육을 할 때 나온 질문이다. 교사 입장에서 맡고 있는 아이 중 가장 다루기 어려운 아이들이라고 했다. 물론 이 외에 신경 쓰이는 행동을 하는 아이들이 있지만, 그 당시는 이 아이들 때문에 힘들다고 고백했다. 아이들은 물고, 던지고 할 수 있다. 그러나 교사가 많이 힘들어할 만큼 공격의 행동을 보이는 있는 두 아이는 마음이 불안하고 불편하다는 신호를 보내고 있다. 그렇다면 이 아이들의 불안과 불편함은 어디서 올 것인가를 생각해 보자.

먼저 아이들 입장에서 가장 사랑받고 싶은 대상인 부모와의 관계를 살펴볼 필요가 있다. 아이들 엄마는 누나와 두 아이를 키우는데 벅찰 수 있다. 그러다 보면 아이들에게 여유를 주고 편하게 대하기보다 엄마의 감정이 아이들에게 실릴 수 있다. 또 혹여 엄마가 누나에게 더 관심과 사랑을 주고 있어, 두 아이가 그걸 느끼고 있지는 않나 살펴봐 줄 일이다. 교사가 살펴봐 준다는 의미는 아이의 행동을 부모에게 사실대로 말해주고 집에서 아이들이 느낄 정서에 대해 부모와 솔직하게 얘기를 나누어야 한다는 것이다. 이때 부모가 자기 행동으로 아이들이 불안, 불편함을 느낄 것 같다고 한다면, 부모가 그 점을 인식한 데서 끝나는 게 아니라 행동의 변화로 아이들을 대할 수 있도록 전문가 입장에서 조곤조곤 얘기해 주자.

두 번째로 아이들이 언어 표현이 아직 서툴러 말보다 행동이 먼저 나가 공격적이라면, 교사는 상황에 따라 말로 표현하는 방법을 천천히 얘기해 주어야 한다. 세 번째로는 아이들 입장에서 선생님이 자신을 진심으로 사랑한다는 믿음과 확신을 갖도록 해줘야 할 것이다. 영아들도 교사가 자신을 사랑한 지 그렇지 않은 줄을 안다. 한 번은 직무교육 때 쉬는 시간에 한 교사가 찾아와 상담을 요청했다.

한 아이가 책상에 올라가지 말라고 해도 선생님 말을 전혀 듣지 않고 계속 책상에 올라간다며 어떻게 해야 할지 모르겠다는 것이었다. 교사의 말을 듣고 나서 내가 교사에게 물었다. "선생님, 그 아이를 사랑하시나요?" 왜냐하면 교사가 하는 말속에서 아이를 별로 좋아하고 있지 않다는 게 느껴졌기 때문이다. 대답은 내 느낌대로였다. 교사는 "아니요. 교수님 사실은 그 아이가 미워요."라고 했다. 내가 느끼듯이 아이도 선생님이 자기를 별로 좋아하지 않는다고 느끼고 있다.

아이들을 지도하기 이전에 관계 맺기가 우선이다. 관계 맺기의 핵심은 아이들을 진심으로 사랑해서 아이들이 그걸 아는 것이다. 그랬을 때 교사의 말을 듣는다. 초심을 잃지 말고 아이들과 관계 맺기를 하고, 부모들도 변화시키고자 하는 전문가 교사를 응원한다.

또래와 상호작용을 하지 않는 아이
어떻게 지도해야 하나요?

"저희반 한 아이가 교사와 친구들과 상호작용을 거의 하지 않아요. 최근 2~3개월 전부터 친구들 주변에서 놀이하는 게 보이지만 대화는 없어요. 제가 어떤 질문을 해도 '네, 아니요.'라고 단답형으로만 대답해요. 자기 생각이나 요구를 전혀 표현하지 않고 수동적입니다. 가정에서는 말을 많이 한다고 하는데 어떻게 지도해야 할지요?"

어린이집에서 근무하는 보육교사를 대상으로 〈영유아 부적응 행동의 이해〉 〈다문화 이해의 실제〉라는 과목으로 강의를 진행했다. 코로나19 이후 약 3년 만에 대면 집합 교육으로 했다. 사례 중심으로 강의 하기 위해 종이를 나눠주고 아이들의 행동 중 교사 입장에서 신경 쓰이는 행동을 써낼 사람은 써서 제출 하라고 했다. 그때 나온 질문 중 하나이다. 이 질문은 강의 후 제출받아 써낸 교사에게 아이의 연령이나 상 황을 더 자세히 알아보지는 못했다.

이 질문을 통해 아이의 심리 상태와 도울 방법을 생각해 보고자 한다. 가정에서는 말을 잘한다는 사실 로 보아 아이가 말을 못 해서 교사나 친구들과 상호 작용을 하지 않는 것으로 보이지는 않는다. 그럼 아 이는 왜 어린이집에서 와서는 혼자 놀이할까? 미국 미네소타아동발달연구소에서 아이들의 놀이를 관찰 한 교육학자 밀그레드 파튼은 6단계의 사회적 놀이 유형을 제시(Parten, 1932)한다. 단계 구분은 아이들의 사회적 참여에 따라 분류한다. 여기서 연령은 만 나 이이다. 물론 반드시 그 연령에 해당하는 것은 아니 고 대체로 제시하는 연령에 그런 놀이를 보인다는 의 미로 받아들이면 될 것 같다.

1단계는 비참여놀이이다. 태어나서부터 만 한 살 반 정도까지로 놀이라기보다 이것저것을 바라보는 단계이다. 2단계는 방관자적 단계이다. 한 살 반에서 두 살까지의 아이들이 보이는 단계이다. 놀이에 끼어들지 않고 지켜만 보는 단계이다. 3단계는 단독놀이 단계이다. 두 살에서 두 살 반까지 혼자놀이하는 단계이다. 4단계는 병행(평행)놀이 단계이다. 두 살 반에서 세 살 반까지 보이는 놀이이다. 다른 친구들과 상호작용 없이 비슷한 놀이를 한다. 5단계는 연합놀이 단계이다. 세 살 반에서 네 살 반까지 보이는 놀이이다. 장난감을 같이 공유하며 노는 단계이다. 6단계는 협동놀이 단계이다. 네 살 반 이후 보이는 놀이이다. 누군가 주도하는 아이도 있고 역할을 분담해서 협동해서 놀이하는 단계이다.

파튼의 사회적 참여 유형에 따른 놀이단계에 따르면 사례의 아이는 4단계 이전의 놀이 유형을 보이고 있다. 아이가 가정에서는 말을 많이 하는데 어린이집에 와서 말을 하지 않는 것은 두 가지로 생각해 볼수 있을 것 같다. 하나는 아이가 수줍음을 타는 성격일 수 있다. 연구에 의하면 수줍음은 유전이 많이 작용하는 것으로 본다. 또 소아신경과 전문의 김영훈은

"부모가 아이를 지나치게 보호하면 그 아이는 커서 수줍음을 많이 탈 가능성이 높다."라고 한다. 다른 이유는 반에서 자기가 받아들이지 않는다고 생각할 수 있다. 아이가 상호작용을 하지 않고 혼자만 놀이하는 것이 위의 두 가지 이유를 전제로 이 아이가 어린이집에서 친구들과 놀이하거나 자기 생각과 요구를 말을 할 수 있게 하는 방법을 생각해 보고자 한다.

교사가 의도성을 갖고 학급에서 말을 잘하고 친절한 아이와 짝이 되어 같이 간식이나 식사하도록 해주는 것이다. 같이 음식을 나눌 때 심리학적으로는 무장해제, 즉 마음이 가장 잘 열린다고 본다. 교사는 이 아이가 말을 잘하고 친절한 아이와 음식을 먹고, 그 관계가 놀이로 확장되도록 해보자. 또 교사 자신의 표정과 태도, 목소리를 포함해서 교실의 분위기가 편안하게 따뜻하게 해보자. 아이가 편안한 가운데 자기 생각과 요구를 천천히 말할 수 있도록 해보는 것이다. 물론 이런 환경임에도 아이가 말을 하지 않는다면 아이의 성격일 수 있다. 그러면 성격은 단점이 아니라 그 아이의 특성으로 보면 된다. 관계가 중요하기는 하지만, 혼자 잘 지내는 사람으로 성장해도 괜찮지 않을까 싶다.

28개월 아이가 말을 거의 못해요

"28개월 아이가 말을 거의 못해요. 도움을 주고 싶은데 어떻게 해줘야 할지요? 아이 부모는 맞벌 이로 제가 아이를 돌보고 있어요."

한국건강가족진흥원 아이돌보미 교사 대상 강의 중 나온 질문이다. 아이돌보미 교사는 가정으로 가서 아이들을 돌보고 있다. 부모가 직장이나 다른 사정으 로 아이 등원이나 하원이 어렵거나, 이른 시간이나 늦은 시간까지 일하는 경우 등에 이용하는 돌봄서비 스이다.

아이돌보미 교사는 40대에서 60대 연령으로 자신의 아이를 길러본 경험이 있는 분들이 많다. 학교 교사나 유치원이나 어린이집 교사나 관련 일을 하다 이일을 하는 분들도 있다. 위 질문은 아이돌보미 교육 중 보수교육에서 나온 질문이다. 그날 강의 대상자 30여 명의 경력은 짧게는 1년, 길게는 9년까지 다양했다. 그동안 강의하면서 길게 22년까지 했다는 분도 만났다.

인간은 주로 언어를 통해 정보를 교환하며 다른 사람에게 자기 생각과 감정을 표현한다. 그러므로 인간에게 언어는 살아가기 위한 필수조건은 아니더라도 사회적 존재로 살아가는 데 중요한 역할을 한다. 아이의 언어발달은 개인차가 있지만 비슷한 발달 단계를 거쳐 언어를 배운다. 출생 후 9개월까지는 주로 울음, 옹알이, 몸짓 언어 등을 사용하는 전언어적 시기라 할 수 있다.

9개월 이후부터 들까지는 '엄마, 아빠, 물' 등 한두 단어를 사용해 자신의 의사를 표현한다. 이후 24개월까지는 서너 단어를 조합하여 문장을 사용하여 자신의 요구나 생각을 표현하기도 한다. 실제로 어느 교사는 "그런 아이가 있다는 것이 매우 안타깝네요. 제가 돌보는 아이는 15개월부터 말을 시작하더니 두돌쯤 되어 거의 모든 말을 하더군요."하고 했다. 그러듯이 위 사례에 나오는 28개월 아이라면 사물을 이름을 말할 수 있고, 의문문이나 부정문 사용 등으로 거의 완전한 문장형식으로 의사 전달을 할 수 있다.

그럼 위 사례에 나오는 아이의 언어발달을 어떻게 도와야 할까? 우선 아이돌보미 교사는 아이와 지내는 시간 동안 아이와 눈을 마주치고 음성 언어로 반응적인 상호작용을 해야 한다. 눈은 마음의 창이다. 마음으로 아이를 대해야 한다. 또 TV나 스마트폰 등을 보게 해서는 안 된다. 대뇌피질에서 청각을 받아들이는 영역에서 가장 민감하게 받아들이는 소리는 사람의 목소리이기 때문이다. 여기서 반응적인 상호작용이란 교사가 먼저 아이에게 말을 건네는 게 아니라 아이의 관심과 흥미를 관찰하고, 그 내용을 반영한 상호작용을 해야 한다는 의미다. 아이는 자신의 관심과 흥미 있는 것을 의미 있게 받아들이기 때문이다.

아울러 교사는 부모에게도 교사가 해야 할 역할로 제시한 활동을 일상에서 할 수 있도록 권하고, 아이를 가능하면 비슷한 연령의 또래와 상호작용할 기회를 마련할 수 있도록 해야 한다. 왜냐하면 아이는 어른보다 또래와의 관계 속에서 모방을 통해 배울 수 있기 때문이다.

언어는 사고를 규정하고, 언어를 통해 세상을 이해하고, 그 이해력을 바탕으로 학습한다. 더 늦기 전에 아이의 언어발달을 위해 교사뿐만 아니라 부모도 노력해야 한다. "명강의 잘 들었습니다."라고 한 강의평의 완성은 실천으로 이루어짐을 교사가 새겼으면 한다.

'대박'보다는 '대단하다'고 해주세요

유아교육과 학생들을 대상으로 강의할 때는 졸저
〈아이가 보내는 신호들〉을 읽어보게 한다. 긴 시간
공을 들여 사례를 토대로 이론 소개도 충실하게 하고
있어, 도움이 되리라는 확신이 있기 때문이다. 자칫
잘못하면 문제 제기가 나올 수 있고 부담을 줄 수 있
기 때문에 책을 사라고는 하지 않는다. 학교나 동네
도서관 등에서 빌려서 읽으라고 한다. 단, 저자 사인
본을 원할 경우는 저자가 살 수 있는 가격으로 제공
한다. 사인본을 받아 읽은 2학년 학생이 쓴 글 중 일
부이다.

"말하기 조금은 부끄럽지만 많은 양의 글을 읽는 것을 싫어해 독서를 멀리하는 나에게 독후감 과제는 꽤 두려웠다. 이번 과제로 읽을 책도 막막할 거로 생각했다. 하지만 내 예상과는 다르게 너무나 재미있고 생생하게, 그리고 빠르게 책을 처음부터 끝까지 정독해서 나 자신도 놀랐다."

"세상 모든 사람이 한 번쯤 읽어보면 좋을 거 같고, 특히 미래에 영유아들을 자주 접할 예비 교사들이나 예비 부모들은 꼭 이 책을 읽어보길 권장한다. 영유아뿐만 아니라 성인에게도 영향을 끼치는 부분에 대해 쉽고 자세히 알려주고 있어서 더 지루하지 않게 읽었다."

강의 중 한 명당 1분 정도씩 간단히 소감 나누기 시간을 갖는다. 서로에게 정보를 주는 차원에서 가장 인상적인 부분 하나씩 얘기하게 한다. 그때 위 학생은 아이들이 갖고 있는 '흡수 정신과 모방'에 대한 내용에 대해 밀했다. 그리면서 교육 실습 중 실제 경험한 사례를 전해줬다.

"책 내용 중 아이들의 흡수 정신, 모방에 대한 부분이 인상적이었다. 만 4세 반을 실습하는 중 아이들과 놀면서 "대박 멋있다! 대박인데?" 등 나름대로 생각하고 긍정적인 단어라고 생각해서 자주 사용했다. 그런데 담당 선생님께서 조용히 오시더니 "지금 아이들은 들리는 말 하나하나가 중요하고 바로 쓰는 시기이므로, '대박'보다는 '대단하다'라고 해주세요."라고 말씀하신 게 떠올랐다."

교육실습 담당 선생님이 예비 유아 교사를 잘 지도하고 있다. 아이들은 부모나 교사가 한 말을 그대로 배운다. 모방이 학습 능력인 셈이다. 교사가 아이들과 생활하며 늘 말과 행동을 함부로 해서는 안 되는 이유이다.

진정한 영유아를 위한 보육과 교육을 위해서

"오늘 강의에서 가장 기억에 남는 내용은 아이들과 관계 맺기의 중요성과 아이 중심으로 보육·교육정책 변화가 수반되어야 진정한 영유아를 위한 보육·교육이 이루어질 수 있다는 점이었습니다."

"보육교사는 부모가 아이들을 잘 양육할 수 있도록 서포트 역할을 해야 하고, 모든보육의 중심에는 부모니 교육자들이 아닌, 아이가 중심이 되어야 한다는 얘기에 큰감흥을 받았습니다."

"내 아이를 대하듯 이해+존중으로 진심 어린 사랑을 줄 수 있게 노력해라. 평생을 좌우할 수 있는 제일 중요한 시기의 아이들인 만큼 한 인격체로서 대하고, 관계를 맺으라는 말씀 명심하도록 하겠습니다."

"사람의 바탕이 이루어지는 생후 3년을 어떻게 보내느냐에 따라 평생을 좌우한다. 이 말씀이 정말 와닿았습니다. 가장 중요한 마음을 다잡고 실습에 임할 수 있을 것 같습니다. 인간 발달의 가장 중요한 시기에 보육교사로서 좋은 것은 습득하고 나쁜 것은 반면교사로 삼도록 하겠습니다."

예비보육교사들이 한 말이다. 작은 추위라지만 '대한이 소한 집에 와서 얼어 죽었다.'는 말처럼 눈이 많이 내린 소한이 하루 지난 주말에 비대면 강의가 있었다. 보육실습을 앞둔 예비보육교사 34명을 대상으로 실습 전 오리엔테이션이었다. 아침 9시부터 오후 1시까지였다. 눈이 많이 와서 운전을 걱정해야 할 상황이었는데, 코로나19 재유행으로 비대면으로 할 수 있어 다행이었다.

위 내용은 내가 보육, 보육실습의 의의, 보육실습 시유의사항, 실습일지 작성 등에 대해 4시간 강의한 내용 중 중요한 내용이기도 하다. 특히 교사는 아이들을 지도한다기보다 진심으로 사랑해서 관계 맺기가 우선이라는 점은 잘 실천해주기를 바라는 바이다. 보육·교육 정책의 변화는 내가 요즘은 많이 생각하는 보육 발전을 위한 방안이다. 이 부분은 교사가 할 수 있는 범위, 즉 관련 사이트에 건의 사항을 올리거나, 참여가 필요한 단체 행동에는 동참하는 등으로 힘을 보탰으면 한다.

"오늘 수업 중에 급한 일이 생겨 정신이 없는 와중에도 듣는 걸 포기 하고 싶지 않을 만큼 좋은 수업이었답니다."

현재 특수교사로 근무 중인데, 보육교사 자격 취득을 하기 위한 수강생이 남긴 소감이다. 진정한 좋은 수업의 완성은 배움대로 실천하는 것이다. 낯선 공간에서, 낯선 일을 한다는 것 자체가 긴장이다. 몸도 힘들 것이다. 도중에 직접 현장 실습지도로 만나겠지만, 모두 겸손하고 감사한 마음으로 잘 배우면서 무사히 마치기를 바란다.

돌아다니는 아이가 신경 쓰여요

"만2세아입니다. 어린이집에서 가만히 앉아 있지 않고 계속 이곳저곳을 돌아다닙니다. 어떻게 지도해야 할까요?"

어린이집 교사가 직무 교육 중 질문한 내용이다. 이 시기는 신체활동을 활발하게 해야 할 때이다. 이 시기의 아이에게 한자리에 가만히 앉아 있으라면, 아이는 무척 힘들어할 것이다. 왜냐하면 몸이 움직여야 하는 시기이기 때문이다. 아이가 돌아다니는 것은 자기 발달을 위해서인지도 모른다.

물론 이 교사는 다른 아이들에 비해 지나치게 산만하게 아이가 돌아다녀서 보살핌에 어려움이 있어 호소하고 있으리라 본다. 그러나 먼저 위에서 말한 바와 같이 신체적 움직임을 활발하게 해야 할 때인데, 그렇게 했는지 살펴야 할 것이다. 만약 아이가 충분한 신체활동을 하지 못했고, 에너지가 많은 아이라면 교사가 힘들어할 만큼 돌아다닐 수 있다.

도쿄에서 유학하면서 일본의 유치원과 어린이집에 아이들 관찰, 실습, 워크숍 참여 등으로 방문했다. 박사논문을 쓰기 위해서도 방문했다. 그때마다 부러웠던 것 중 하나는 특별한 경우를 제외하고는 대부분 넓은 운동장이 있다는 것이다. 거기서 아이들은 많은 시간 실컷 뛰어논다. 어떤 곳은 종일 밖에서 활동하기도 했다. 왜냐하면 그게 아이들 발달에 중요하기 때문이다. 이 시기는 뇌발달이 활발하게 이루어지는데, 뇌중추는 감각과 운동중추로 연결되어 있다. 그러므로 아이들이 밖에서 감각적으로 자극을 받고 다양한 신체활동을 하도록 해야 한다. 또 기본 운동동작은 유아기가 민감기 즉, 가장 잘 발달하는 시기이다.

도쿄가쿠게이대학교 유아교육과(유치원과) 모리라는 교수는 유아 운동심리를 전공한 분이다. 나는 이 분에게 대학원 때 〈유아 운동과 건강〉을 배웠다. 그때 유아기가 기본운동동작 능력이 발달하는 시기로 중요한데, 특기식으로 접근해서는 안 된다고 했다. 즉 한두 가지 동작만 하게 하는 게 아니라 뛰고, 달리고, 던지기 등 놀이 형식으로 접근해야 함을 강조했다.

사례의 아이처럼 가만히 있지 않고 계속 돌아다니는 아이가 있다면, 교사는 먼저 아이가 신체활동을 할 수 있는 기회를 가져야 할 것이다. "이 시기 아이에게 가만히 있으라 하는 것은 학대이다."라는 말이 있음도 기억하자.

발달지체 아이 어떻게 도와야 할까요?

"만 2세 남아입니다. 부모님이 아이 양육을 힘들어합니다. 아이는 등원 후 누워있거나 놀잇감이나 또래에 관심이 전혀 없습니다. 모든 발달이 다른 아이들보다 늦어 발달센터 다닌 지는 8개월 정도 됩니다. 정해진 순서에서 조금이라도 벗어나면 큰 소리로 웁니다. 부모님은 아이가 또래와 다르다는 것에 대해 생각을 크게 개의치 않고 계십니다. 이 아이 발달을 어떻게 도와야 할까요?"

어린이집 원장 직무교육 때 받은 질문이다. 아이

부모가 양육에 크게 관심이 없고, 부모 자신이 에너지가 없어 보인다. 아이 발달은 아이의 문제가 아니다. 아이가 사랑받고 싶은 대상인 부모와의 관계가 중요하다.

실존주의 심리학자이자 상담심리가 이승욱 박사를 인터뷰한 적이 있다. 그는 뉴질랜드에서 상담과 심리를 공부했다. 이후 그곳 병원에서 임상심리사로 근무하다 귀국해서 지금은 개인 상담소를 운영하고 있다. 이 박사는 상담의 유형이 어떻든, 내담자의 99.9%는 어린 시절의 부모 자녀 관계의 문제 때문이라고 했다. 어린 시절 중 특히 영아기의 잘못된 양육은 치명적이라고도 했다. 그러면서 아이가 보이는 행동은 관계의 증상으로 봤다.

위 사례는 코로나19로 인해 비대면 교육 때 채팅방에 남겨진 질문이다. 아이를 둘러싼 환경으로 가정 상황이나 부모의 양육 등에 대해 더 자세히 들을 수는 없었다. 질문의 내용으로 보아 부모가 어떤 분인지 어느 정도 그려진다. 부모 자신이 힘이 없고, 더구나 양육을 힘들어 하는 모습이 보인다. 이경우 부모가 아이에게 긍정적인 에너지를 주기 어려우리라 본다. 아이가 보이는 행동은 바로 그런 부모와의 관계를 보여주고 있다고 보여진다.

어린이집에서 원장이나 교사가 전문가로서 부모를 만나 양육의 애로사항, 아이 특성 등에 대해 얘기를 나눠보길 권한다. 그러면서 이 시기에 제대로 사랑받지 못하는 이후 발달에도 어려움이 있을 수 있다는 사실을 전하고, 양육이 힘들지만 아이에게 좀 더 관심을 두고 상호작용 해줄 것을 요청했으면 한다. 또 아이는 반에서 친절하고 따뜻한 아이와 같이 지낼 수 있도록 의도적 배려를 해주길 바란다.

지금 아이가 발달센터에 다니면서 치료사의 도움을 받겠지만, 가장 중요한 사람은 부모이고, 그 부모의 사랑을 받으면서 전문가의 도움을 받아야 효과적이리라 본다. 아울러 아이는 비슷한 연령의 또래에 관심이 많으므로 함께 어울릴 수 있는 기회도 마련해주길 기대힌다.

소리 지르며 우는 아이 어떻게 해야 할까요?

"말을 잘 못하는 아이가 있었습니다. 이 아이는 특히 바깥 놀이를 나가면 하고 싶은 것들을 다 해봐야 하는 아이였어요. 같이 걸어가다가도 나뭇잎을 만지고 싶으면 멈춰서서 만져야 하고, 돌멩이를 줍고 개미를 만나면 발로 밟기도 했습니다. 놀이터를 갈 때는 자기가 원하는 다른 곳으로 가야하고, 혼자서 막 뛰어나가기도 합니다. 본인이 원하는 대로 이루어지지 않으면 그 자리에 서서 움직이지 않고 소리 지르고 웁니다. 낮잠도 자지 않아 이 아이만 특별 대우 인양 장난감을 가지고

놀았습니다. 이 아이는 별난 아이로 원에서 선생
님들의 미움을 받아 안타까웠습니다."

위 사례는 예비 보육교사가 어린이집에 보육실습
을 다녀와서 하는 소감 발표 때 전한 내용이다. 전달
받은 내용으로만 미루어 본다면 아이는 에너지와 호
기심이 많고 자기주장이 강하고, 약간 예민한 기질인
듯하다. 단 개미를 발로 밟는 것은 밟아서는 안 된다
는 교육 경험이 없어서이지 않을까 싶다. 또 원하는
것을 못 하면 소리 지르고 우는 것은 소감 첫머리에
있듯이 아직 말을 잘못해서이리라 본다.

이런 아이를 교사로 만났다면 어떻게 해야 할까?
무엇보다 아이 마음을 편안하게 하는 것이 중요하다.
내가 도쿄 유학 시 실습하러 갔던 어느 어린이집 신
발장에는 가족사진이 붙어 있었다. 원장 선생님께 이
유를 물어보았다. 아침에 어린이집에 등원한 "아이가
신발을 벗어 넣으면서, 함께 오지 않은 다른 가족을
사진으로나마 보면서 마음의 안정을 갖게 하기 위해
서이다."라고 했다.

또 실습했던 도쿄의 어느 유치원은 아침에 등원 시간에 선생님이 교실 입구에서 무릎을 꿇고 앉아서 부드럽고 상냥한 미소를 지으며 아이들 한 명 한 명을 정성껏 맞이하고 있었다. 이렇게 복도에서 선생님과 인사를 나누고 교실로 들어가면, 교실에는 다른 선생님 한 명이 따뜻하게 맞이해 주고, 아이가 하고 싶은 활동 할 때 말없이 지켜봐 주었다.

도쿄의 사례는 아침에 가정을 떠나 등원한 아이들을 어떻게 편안하게 맞이해서 안정감을 느끼게 하는지를 보여주고 있다. 아침 등원 시간이 중요한 이유는, 처음 기분이 종일 갈 수 있기 때문이다. 이처럼 등원 시간에 아이 마음을 편하게 해주고, 무엇보다 선생님이 자신을 사랑한다는 믿음과 확신을 갖게 해주어야 한다. 그것은 형식이 아니라 진심으로 아이를 사랑했을 때 아이는 느낀다. 사랑은 도착점이다. 미워해서는 선생님 말씀을 듣지 않는다. 관계 맺기를 먼저 해야 한다. 관계 맺기의 핵심은 아이를 사랑하는 것이다.

또 교사는 아이가 다른 또래들과도 어울릴 수 있

도록 의도적 배려가 필요하다. 간식을 먹거나 놀이할 때 반에서 상냥하고 친절한 아이와 같이 지낼 수 있도록 해주면 좋다. 교사는 아이들 인격 형성에 관여하는 전문가임을 잊지 않았으면 한다.

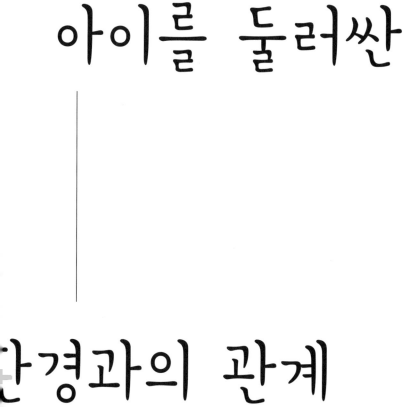

4장

아이를 둘러싼

환경과의 관계

교사가 제일 어렵다는
부모와의 관계 어떻게 해야 할까?

"근무하는 동안 무엇이 제일 힘들었어요?"

"부모와의 관계죠. 아이들도 힘들 때가 있지만 그래도 잘 지낼 수 있었어요. 어떤 부모는 교사가 자기 아이를 학대했다고 신고하는 일이 있어요. 경찰이 와서 CCTV를 확인해도 별일 없는데도 의심하는 분들이 있다니까요."

전직 보육교사가 한 말이다. 어느 날 지금은 어린이집을 휴직 중인 교사 내외분이 찾아왔다. 저녁을 먹고 모닥불가에 앉아 담소를 나눴다. 그때 내 물음에 돌아온 답변이다.

영유아 교육기관에 근무하는 원장이나 교사 대부분이 가장 힘들어하는 관계는 부모와의 관계이다. 어떤 어린이집 원장은 부모와 관계가 힘들다며 문을 닫기도 했다. 또 어느 원장은 부모와 법적 소송까지 갔다가 결국 폐원하고, 그래도 아이들은 사랑스럽다며 교사로 일하고 있다. 소송 과정 때 조언을 요청받아 상황을 알고 있다. 내 판단에는 법적 소송까지 갈 문제가 아니었으나 끝내 문제가 커졌다.

모든 문제를 부모에게 돌리는 것은 아니나, 예전에 비해 자녀가 적다 보니 아이의 문제에 민감한 분들이 있다. 아이들은 자라면서 누구나 다칠 수 있다. 나 역시 어릴 때 놀다가 다친 상처들이 아직도 훈장처럼 무릎에 남아 있다. 시골에서 치료를 제대로 하지 않고 놔둔 상처를 농촌 교회로 부임한 목사 사모가 구급약을 들고 다니며 치료해 주던 장면은 내 유년기 따스한 원풍경 중 하나이다. 나도 우물가에서 그분이 치료해줬다.

요즘은 자녀가 영유아 교육기관에서 조금이라도 상처가 생기면 그냥 있는 부모가 많지 않다. 원에 이의를 제기한다. 아이가 상처를 입었더라도 부모와 교사·원과의 관계에 신뢰가 있다면 대화로 해결되리라 본다.

도쿄에서 유학을 마치고 현장 경험을 위해 오래전에 어린이집 교사로 근무할 때의 일이다. 만 5세 반 담임을 맡고 있었다. 반별 보육 일과가 끝나고 방과 후 교사가 반을 맡고 있던 때의 일이다. 아이들이 옥상에 올라가 놀이기구를 타며 놀았다. 한 아이가 지구본 모형의 놀이기구를 타고 있는데, 다른 아이가 그 기구를 세게 돌렸다. 기구를 타고 있던 아이는 내가 맡은 반 아이였다. 인조 잔디 바닥에 넘어져 뺨에 상처가 났다.

곧바로 원장이 부모에게 연락하고 병원에 가서 치료했다. 치료가 끝나고 담임인 나와 그날 방과 후 교사가 케이크를 사서 아이의 집을 찾았다. 아이가 다치게 되어 죄송하다는 말씀을 드렸다. 부모는 "아이들이 놀다가 그럴 수도 있지요."라고 했다. 아이는 이후 바깥 놀이를 할 때 "의사 선생님이 상처로 남는다고 햇볕 쬐지 말라고 했어요."라고 했다. 상처를 꿰맨 탓이다. "만일 부모와 관계가 원만하지 않았더라면 어땠을까?"라는 생각이 든다. 이 부모는 교직원들과 대소사를 챙길 정도로 가깝게 지냈다. 서로 신뢰가 있기에 큰 문제 없이 무난히 넘어갔던 사례이다.

교사나 원장은 부모와 신뢰 관계 형성을 위해 노력할 필요가 있다. 두 가지를 제안한다. 하나는 학기 초 오리엔테이션 때 원 전체 차원의 진행뿐 아니라, 담임교사와 부모 간 반별 간담회도 갖길 바란다. 그때 교사는 부모들에게 '왜 자신은 교사가 되었는지?' '교사로서 어떤 교육철학을 갖고 있는지?' '아이들 발달을 위해 어떤 노력을 할 것인지?' 등을 허심탄회하게 털어놓는 시간을 가졌으면 한다. 실제 미국에서 그렇게 하는 경우가 있다. 이런 기회를 통해 부모가 교사를 신뢰할 수 있지 않을까 싶다.

또 하나는 등·하원 시간의 '짧은 대화'와 '문자나 통화'를 했으면 한다. 현재도 하고 있는 경우가 많겠지만, 조금 더 의식적으로 등·하원 때 잠깐 시간을 내서 부모와 얘기 나누길 바란다. 또 특별한 행동을 보이는 아이의 부모에게는 문자나 전화를 했으면 한다. 나는 교사 때 업무 후 매일 돌아가면서 부모들의 시간을 고려해 전화했었다. 학년이 끝나고 부모들이 이구동성으로 그 점이 참 고마웠다고 했다.

부모는 어느 직업에 종사하든 영유아 발달에 대해서는 잘 알지 못하는 경우가 많다. 전문가인 교사가 진심을 갖고 부모와 신뢰 관계를 만들고 변화시켜야 한다. 부모는 아이가 가장 사랑받고 싶은 존재이고, 그 부모가 아이에게 제대로 사랑을 주는 게 영유아 발달에 중요하기 때문이다.

둘째 임신이나 출산 후
엄마, 아빠 역할에 대해 알려주세요

"둘째 임신이나 출산 후 엄마, 아빠 역할에 대해 알려주세요."

비대면 부모교육에서 나온 얘기다. 서울 도심에 있는 영아전담 어린이집에서 코로나19와 거리상 문제로 비대면 부모교육을 해달라고 했다. 어린이집 원장이 내 블로그 검색 후 메일로 요청 메일이 왔던 곳이다. 부모교육을 중요하게 생각하는 분으로 고마운일이다. 사정상 한 차례 연기 후 연초의 평일 오전에 진행했다. 원장은 길게 하지 말고 1시간 정도하고, 이후는 시간이 되는 분 대상으로 질의응답 형식으로 하면 좋겠다고 했다.

실제는 약 1시간 30분 정도 부모들이 새겨들을 내 석사와 박사 논문의 연구 결과, 영아기의 의미와 중요성, 애착 형성, 기다려주기, 자율성, 뇌 발달 등을 상담 사례와 도쿄 유학 시 경험, 현장 사례 등을 섞어 얘기했다. 참석해 주신 엄마, 아빠, 교사 모두 집중해서 들었다. 아이의 행동에 대해 궁금한 내용을 채팅방에 올리되 공개해도 괜찮을 내용은 공개로, 그렇지 않을 경우는 비공개로 올려보라고 했다. 자녀가 아직 어려서인지 아이 행동에 대해 크게 궁금한 점은 없는 듯했다. 대신 위 질문은 원장이 올린 내용이다. 아마 부모들에게 질문을 받고 있지 않을까 싶다. 교사들도 종종 받는 질문일 것이다.

둘째 임신이나 출산 후에는 큰아이에게 부모가 신경을 써야 한다. 큰아이가 보이는 행동은 대개, 어리광이 많아졌거나, 아이처럼 징징거리거나, 동생을 꼬집거나, 괜히 짜증을 부리거나 등이다. 조금 더 신경 쓰이는 행동이라면 대소변을 가렸는데, 갑자기 소변

실수를 하는 경우다.

　아이의 마음을 생각해 보자. 동생이 태어나기 전에는 혼자서 부모 사랑을 독차지했는데, 그 사랑을 동생에게 빼앗긴다고 생각할 수 있다. 일명 '폐위된 왕'이 된 것이다. 그래서 애기가 되어야 그 사랑을 다시 받을 수 있다고 생각하고 아이는 아기처럼 행동하는 것이다. 이를 정신분석학에서는 방어기제 중 '퇴행'이라 한다. 한자로는 물러날 퇴(退), 갈 행(行)으로 다시 아이로 돌아간다는 의미이다.

　부모의 사랑을 받고 싶어 하는 행동인데, 혼낸다고 그 행동이 없어지지 않는다. 오히려 아이는 상처를 받게 된다. 그럼 어떻게 해야 할까? 아이와 얘기를 나눠야 한다. "OO이도 예전에는 지금 동생처럼 엄마 아빠가 많이 돌봐주었단다. 동생은 엄마 아빠가 돌봐야 되기 때문이지만, 여전히 OO이를 사랑한단다." 말의 내용은 그 아이 나이에 맞게 해주면 될 것 같다. 이러한 말과 더불어 큰아이에게는 동생 기저귀를 가져오게 한다거나, 기저귀를 갈 때 옆에서 돕게 한다든가 등 동생을 보살피는데 함께 하도록 해보는 게 좋다. 또 밖에 나가 아이가 좋아하는 것을 먹으며, 이런 말을 해보는 것도 좋지 않을까 싶다.

원장이나 교사는 이런 내용을 전문가로서 부모들에게 전할 필요가 있겠다. "좋은 시간이었습니다. 다음 기회에 한 번 더 강의를 듣고 싶어요."라고 한 엄마는 분명 내 강의에서 얻은 게 많으리라 본다. 실천을 바란다.

선생님 바라기 아이 어찌할까요?

"만 11개월 남자아이입니다. '선생님 바라기' 별명
이 붙을 정도로 교사에게 애착이 심합니다. 화장
실도 못 가게 하고 눈에 보이지 않으면 울기부터
합니다. 어찌할까요? 엄마는 둘째 임신 중입니다."

교사 직무 교육 중 어린이집 교사가 질문한 내용
이다. 선생님에게 마치 껌처럼 딱 달라붙어서 붙은
별명은 '쌤 껌딱지'라 하기도 한단다. 이런 행동을 보
이는 아이 마음의 단서는 엄마가 둘째 아이를 임신
중이라는 사실이다.

엄마를 직접 만나 가정에서 아이에게 어떻게 대하는지 물어보지 않았지만, 아이는 엄마가 자기에게 충분하게 관심과 사랑을 준다는 것을 느끼지 못하고 있다고 보인다. 또 아이는 동생이 태어나면 자신을 향한 부모의 마음이 동생에게 갈 것이라는 생각을 하고 있을 수도 있다. 지금 아이는 정서적 불안 상태에 있다. 그 불안을 어린이집에 와서 선생님에게 붙어있음으로써 조금이나마 위안받고자 하는 것이다.

교사가 어떻게 한다고 선생님만 따라다니는 아이의 행동이 완전히 없어지기 어렵다. 아이는 엄마가 자기를 사랑해 준다는 믿음과 확신을 가져야만 이 행동이 없어질 수 있다. 그렇다면 교사가 질문했듯이 교사는 어찌해야 할까? 부모, 특히 임신 중인 엄마를 만나야 한다.

만나서 아이가 어린이집에서 보이는 행동을 사실대로 이야기하고 아이 마음을 읽고, 대응할 수 있도록 해야 한다. 그 대응은 "엄마가 지금 동생을 배속에 품고 있지만, 너를 여전히 사랑한단다."라는 메시지를 주어야 한다. 그런데 사랑은 도착점이다. 아이가 그 사실을 진심으로 느끼느냐 그렇지 못하느냐가 중요하다. 형식적으로 하면 사랑받는다는 확신을 가질 수 없다.

대상관계이론에서는 이러한 확신을 '용전'이라 한다. 아이의 마음속에 빈틈없이, 꽉 차야 한다는 것이다. 빈틈이 있어서는 안 된다는 것이다. 빈틈이 발달상에 문제를 가져다준다고 본다. 물론 온전히 아이의 마음속을 사랑받는다는 확신으로 꽉 채운다는 게 쉽지는 않다. 그러나 인간발달에 가장 중요한 시기, 인생 초기인 영아기는 부모가 노력해야 한다. 왜냐하면 이 시기에 심리적 구조물을 만들어, 이후 발달에도 영향을 미치기 때문이다.

교사는 부모와의 만남을 통한 부모의 변화 이외에 어린이집에서는 교사 스스로 편안하고 따뜻하게 아이를 대해야 한다. 또 그 아이가 반에서 자율적인 아이와 또래가 되어 지낼 수 있도록 배려할 필요도 있다. 아이가 보이는 행동은 자기 마음을 보이는 신호이다. 그 신호를 읽고 대응하는 교사가 되길 바란다.

언어 표현을 거의 못 하는 아이가 있어요

"언어 표현을 거의 못 하는 유아가 있습니다. 아빠는 직장에 다니고 엄마는 집에서 육아를 맡고 있습니다. 두 분은 집에서 주로 스마트폰만 합니다. 아이와는 거의 눈을 마주치지 않았습니다. 아이는 언어발달 지체로 치료실에 다니고 있습니다. 이 아이에게 제가 10분씩 동화를 읽어줬습니다. 그랬더니 아이 표정이 밝아지고, 서툴지만 표현하려고 했습니다."

예비보육교사를 대상으로 〈부모교육〉 과목 강의

를 했을 때, '장애 가족을 위한 부모교육' 주제로 직간
접 사례를 나눌 때 나온 얘기다. 이 사례를 전해 준 학
생은 아이들을 만나는 일을 하고 있단다. 아이가 말
을 잘하지 못한 이유 중 하나는 양육환경으로 보인
다. 집에서 부모가 아이와 눈을 마주치지 않고 주로
휴대전화만 한다는 것이 단서이다.

내가 봤던 아이도 비슷한 양육환경으로 언어치료
를 받으러 다녔다. 4세 정도의 아이가 말을 잘하지 못
해 치료실에 왔는데, 아이를 데리고 온 엄마는 아이
에게 "저기 앉아." "저리 가봐." 등 지시어만 하고 의
사소통을 거의 하지 않았다. 그러던 중 집에서 아빠
가 전화한 모양이다. 엄마는 "심심하면 게임을 하면
되잖아."라고 답변한다. 가족이 외출하고 혼자 있던
아빠가 심심하다고 했나 보다. 엄마의 대답을 통해
서, 이 아이의 엄마와 아빠는 집에서도 주로 스마트
폰으로 게임을 하는 것을 짐작할 수 있다. 이런 환경
에서 아이가 말을 잘하기란 어려울 것이다.

언어치료실에서 언어치료사에 의해 아이의 말하
기가 어느 정도 나아질 수 있지만, 더욱더 중요한 아

이의 언어 환경은 가정에서의 부모이다. 사례에서 아이를 만났던 예비교사가 동화를 읽어주었듯이, 아이에게 그림책이나 동화를 읽어주는 것도 아이의 언어 발달을 위한 방법이다.

그러나 무엇보다 중요한 것은 역시 사례에서 양육자가 아이의 눈을 보며 주고받는 상호작용을 해야 한다. 독서 치료사가 들려준 사례이다. "다섯 살 아이가 엄마를 1년 동안 째려보고 불만투성이 눈빛이라고 털어놓은 동료가 있었어요. 그래서 제가 아이 눈을 보고 한 달만 책을 읽어주며 스킨십을 따뜻하게 해 주라고 했거든요. 그랬더니 한 달 후에 불만투성이 아이가 웃기 시작했다고 한 턱 낸다고 연락해 온 경우가 있어요."

독일의 철학자 마르틴 하이데거는 "언어는 존재의 집이다."라고 했다. 즉 언어가 그 사람이라는 것이다. 인간은 언어로 자기의 생각을 표현하고 전달한다. 아이들은 언어발달이 지체되면 또래 관계의 어려움뿐만 아니라 사회성 발달, 사고발달에도 부정적 영향을 미친다. 전문가인 교사는 이러한 점을 인식하고 언어발달이 늦은 아이를 위해서는 또래 관계 형성에 신경 써주고, 그 아이의 부모가 가정에서 아이와 눈을 마주 보고 음성언어로 질적인 상호작용을 하도록 조언해 줄 필요가 있다.

유아에게 받아쓰기가 적절할까요?

"만 5세 여아가 받아쓰기 활동을 하고 난 후 점수가 잘 나오지 않아 속상해 하고 있었어요. 그런데 옆 친구가 그 아이 점수를 보았어요. 그걸 안 아이는 화를 내며 눈물을 흘리며 속상해 하면서 선생님에게 일렀어요. 선생님은 점수를 본 아이에게 상황을 알아본 후, 속상해 하는 아이에게 친구가 일부러 본 게 아니니 속상해 하지 말라고 달랬어요. 그러나 아이는 분이 안 풀려 더욱 화를 내고 씩씩거리며 선생님을 때리더군요."

보육실습을 다녀온 예비보육교사가 전한 말이다. 유아에게 받아쓰기를 하게 하는 원이 있다는 게 씁쓸하다. 왜냐하면 이 방법은 아이들의 발달에 맞지 않기 때문이다. 그런데 왜 이 원에서는 유아에게 받아쓰기 공부를 시키고 있는 것일까. 부모들이 원하기 때문이다. 부모들이 아이들에게 더하기 빼기나 받아쓰기 등을 통해 한글 공부를 시켜달라고 하면 어떻게 해야 할까?

몇 년 전 어느 지역의 보육정책위원으로 구립 어린이집 원장 채용 심의에 참여했을 때의 일이다. 심사 마지막 단계인 면접까지 올라온 원장 지원자들에게 내가 꼭 했던 질문이 있었다. "지원자가 만약 원장이 되었는데, 부모들이 아이들에게 한글 학습을 요구한다면 어떻게 하시겠어요?"였다. 그때 대부분의 후보자는 그 방법이 아이들의 발달에 맞지 않지만, 학부모들이 요구하기 때문에 어쩔 수 없다는 대답이 많았다.

그런데 한 번은 한 후보자가 말했다. 다른 지역에서 원장을 하고 있는데, 이직을 위해 지원한 원장이었다. "제가 현재 재직하고 있는 어린이집에 처음 갔더니, 아이들에게 학습지를 시키고 있더군요. 이는 아이들이 발달에 맞지 않다고 생각하고, 부모회를 개최했습니다. 부모들에게 학습지 교육을 하지 않겠다고 말하고, 저와 생각이 맞지 않는 분은 다른 곳으로 옮겨도 좋다고 했습니다. 그때 이사 가는 아이 한 명 빼고는 단 한 명도 옮기지 않았습니다."라고 했다.

한글 쓰기는 억지로 시켜서는 안 된다. 아이가 관심을 보일 때, 자기 이름, 친구 이름 등 아이가 친근하게 느끼는 것부터 천천히 해도 된다. 무리하게 쓰기를 공부처럼 하면 오히려 역효과를 가져온다. 정작 공부해야 할 때 싫증을 낼 수 있다. 전문가로서 원장과 교사들의 철학이 필요하다. 부모에게 조급하게 생각하지 말라고 해야 한다.

환경구성, 비계설정, 부모교육을 잘 살펴보길

대면 강의 전환으로 매 학기 맡는 '보육실습' 과목도 코로나19 이후 처음으로 대면으로 만났다. 역시 얼굴 보며 얘기하는 게 좋다. 첫 오리엔테이션은 네 시간을 한다. 비대면 때는 한 반 기준 30명이 다 찼는데, 대면 전환으로 탓인지 인원이 조금 줄었다. 서울뿐 아니라 멀리 화성, 용인, 수원, 평택, 시흥, 인천, 파주 등에서 참석했다. 네 시간 강의 중 한 시간은 사는 지역, 왜 보육교사가 되려고 하는지를 말해보게 하고 피드백한다. 한 시간은 영유아기 의미와 중요성, 두 시간에 동안 보육실습 시 주의점, 실습일지 작성 등을 전한다.

　성인 학습자들이다 보니 보육교사가 되려는 동기는 다양하다. "아이가 민감하다. 아이를 양육하며 노하우가 생겼다. 그 비법은 기다려주기다. 교사가 되어 아이들을 기다려주며 잘 지내고 싶다." "아이들이 좋다. 그 아이들을 만날 수 있고 급여도 받으니 이보다 더 좋은 직업이 없다고 생각한다." "오감 교사(또는 돌봄 교사)이다. 전문 자격증을 갖고 일하면 더 좋을 것 같아서 선택했다." "아이를 좋은 학원에 보내고 싶은데 외벌이로 힘들다. 보탬이 되었으면 한다." 등 다양하다.

　학습자들은 보육일지 작성을 많이 걱정하며 신경쓴다. 그러나 실습일지 작성 시 주의할 사항을 유념하면서 실습하는 내용을 사실대로 쓰면 된다. 그 내용을 실습 지도교사에게 조언받고 나에게 점검받으면 된다. 물론 에너지가 쓰이고 시간이 많이 소요되는 일이다. 밤늦게까지 때로는 새벽까지 일지를 쓰느라 애쓰기도 한다.

나 역시 도쿄 유학 시 실습하는 동안 밤새다시피 작성했던 적도 있다. 게다가 그때는 도시락까지 만들어 가야 했다. 당시 일본에서는 아이들 점심은 부모가 정성껏 만들어 주어야 한다는 생각에 어린이집이나 유치원에서 급식하지 않는 경우가 많았다. 식사는 아이들과 함께하는 데 한국 음식에 관심이 많았다. 그러다 보니 대충 만들어 갈 수 없어 더 신경 썼다. 식사하면서 아이들이 궁금해하는 한국 음식에 대해 말해주고, 한국말로 '밥' '김치' '젓가락' 등을 얘기해 주었던 기억이 새롭다.

보육실습에서 내가 중요하게 생각하는 것은, 놀이 중심 보육과정 운영에서의 환경구성과 비계설정 및 아이들 발달에 가장 중요한 변인은 부모이기 때문에 부모교육을 살피는 것이다. 물론 교사와 아이들의 상호작용, 신경 쓰이는 행동을 보이는 아이들에 대한 교사의 개입, 아이들 갈등 시 교사의 중재 등도 잘 살펴야 하는 내용이기는 하다.

아이들이 주체적으로 활동하기 위해서는 개별 아이들의 관심과 흥미를 파악하고 환경구성을 적절하게 해야 하므로 이를 잘 살펴야 한다. 준비된 환경에서 아이들이 호기심을 갖고 상호작용할 때 교사는 적합한 비계설정, 즉 질문이 아닌 발문을 할 수 있어야 한다. 질문은 아이들이 어떤 사실을 알고 있는지 모르고 있는지 묻는 것이다. 이에 반해 발문은 답을 주거나 "예, 아니오."의 단순한 대답이 아닌, 스스로 생각할 수 있도록 교사가 말을 건네주는 것이다.

또 아이들 발달에 가장 중요한 사람은 교사가 아니라 부모임을 인지해야 한다. 따라서 실습하는 원에서는 어떻게 부모면담, 부모상담, 부모참여 수업 등 부모교육을 하는지 살피거나 물어서 배우기를 바란다. 부모가 아이들을 제대로 사랑해야 교사들도 아이들과 잘 지낼 수 있다. 왜냐하면 아이들은 가장 사랑받고 싶은 대상인 부모가 자신을 사랑해 주어야 심리적으로 편안하게 안정될 수 있기 때문이다.

아이 심리가 궁금해서 배우고 싶어요

"제가 아동심리 수업을 선택하게 된 계기는 부모가 어린 시절의 선생님이니까 부모님의 역할이 아이의 심리에 영향을 주므로 '부모의 역할은 뭘까? 아이는 부모의 양육으로 인해 어떤 영향을 받게 되고 어떤 심리를 형성하게 될까?'가 궁금해서입니다."

경기도 교육청에서 진행하는 '경기꿈의 대학' 강사로 고등학생들을 만났다. 예비교사, 교사, 원장, 부모 등을 대상으로 강의하는데 가장 기쁨을 주는 강의다. 왜냐하면 대학 입학 전부터 영유아기 교육에 관심을 두는 학생들이 기특하기 때문이다. 내가 개설한 '아동심리 제대로 알고 유치원·어린이집 교사되기' 과목에 주로 1, 2학년이 신청했다. 위 내용은 온라인으로 진행하는 첫 수업 때 쓴 강의 선택 동기이다. 다음은 첫 강의 후 소감으로 내가 강조한 내용들이 들어있다.

"오늘 수업을 듣고 아이를 키우는 데에는 많은 노력과 지식이 필요하다는 걸 느끼게 되었습니다. 미래의 제 아이는 앞으로 어떻게 키워야 할지 고민하게 되었습니다. 그리고, 이미 틀어져 버린 사람들에게 재양육을 하면 그들을 바로잡을 수 있을지 궁금해졌습니다. 첫 수업만으로도 이렇게 많은 내용을 배우니 다음 수업이 정말 기대되네요."

"오늘 수업을 듣고, 아이 발달에 대해 자세히 알게 되는 계기가 되었습니다. 첫 번째로 아이의 발달에 부모 역할이 얼마나 중요한지, 두 번째로 아이들을 지도하고, 가르치는 것이 아닌 스스로 생각을 할 수 있게 해주고, 도와주는 역할이 선생님이나 부모라는 것을 알게 되었습니다. 마지막으로 유아들과의 상호작용(방긋 웃는 것, 대화하는 것 등)이 중요하다는 것을 배웠습니다."

"오늘 수업을 통해 아이와의 관계에 집중하는 게 얼마나 중요한지, 관계라는 키워드를 중심으로 아이와 상호작용해야 한다는 사실을 깨닫게 되었습니다. 또한 아이들을 지도하는 것에 초점을 맞추는 게 아니라 함께 의견을 나누는 것을 중요시해야 한다는 점을 깨달았습니다." "유아교육이 중요하다는 것은 알았지만, 부모의 행동과 유아들과의 상호작용이 많은 영향을 준다는 것을 알게 되었습니다."

"오늘 수업 중에 아이들을 '지도한다, 이끈다'라는 표현보다는 '지원한다, 도움을 준다'로 바꿔서 말하도록 이야기를 해주셨던 점이 기억에 남습니다. 능동적이고 자유로운 아이들을 수동적으로 보고 있다는 사실도 깨달았습니다. 앞으로는 언행 하나하나를 조심해야겠다고 생각하게 되었습니다."

"대상과의 관계를 중요시하는 대상관계이론은
전 세계적으로 소아정신의학가들이 주목하고 있
는 이론이라는 것을 알게 되었습니다. 태어나서
3세까지의 잘못된 양육은 아이 발달에 치명적이
므로 부모의 욕망으로부터 자유로운 아이로 키워
야 한다는 것도 배웠습니다. 아동심리 상담가라
는 꿈을 갖고 대학입시와 상담사가 되기 위한 과
정을 알아보곤 했지만 정작 아동심리에 관하여
공부한 적은 없었습니다. 오늘 수업을 기점으로
훌륭한 아동심리 상담가가 될 수 있도록 뼈를 가
는 노력을 하고 싶습니다."

하루에 두 시간, 8회에 거쳐 아이의 심리와 부모·
교사의 역할을 발달심리, 임상심리, 상담 사례 등을
근거로 전했다. 아동심리를 제대로 배워 아이 발달과
부모에게 도움을 주는 교사나 상담가의 모습이 벌써
기대된다.

아직도 손톱을 뜯어요

"아직도 손톱을 뜯어요. 어렸을 때 부모에게 맞았어요. 또 두 분은 늘 바쁘셔서 주로 할머니, 할아버지가 돌봐 주셨어요. 지금도 엄마와는 별로 얘기하지 않아요. 왜냐하면 어린 시기부터 내 얘기에 별로 관심을 보이지 않다는 느낌이 있기 때문이에요."

어느 고등학생이 전한 얘기이다. 이 학생은 자신은 상담을 통해 지금은 친구들과 무난하게 지낼 수 있는 사람이 되었다고 한다. 그렇지만 아직도 손톱을 뜯고 있고, 친한 친구와는 털어놓고 하는 얘기도 부모에게는 감추고 별로 얘기를 하지 않음을 고백한다.

고등학생임에도 손톱을 뜯는 것은 어린 시절 부모와의 관계에서 그 원인을 생각해 볼 수 있다. 어린 시절은 주로 영유아기이다. 이 학생은 그 시절에 부모에게 맞았고, 엄마 아빠는 바빠서 주로 조부모와 지냈다. 아이의 마음을 생각해 보자. 가장 사랑받고 싶은 대상인 부모가 자기를 때리면 그 아이는 가장 깊은 상처를 갖게 된다. 그 때문에 아이에게 가장 좋지 않은 사람은 아이에게 두려움을 갖게 하는 어른이라 한다.

또 어려서부터 자신의 얘기에 별로 귀 기울여주지 않는다는 생각을 갖게 한 부모의 행동도 이 학생의 심리적 발달에 부정적 영향을 주었다고 본다. 관심받고 싶고, 인정받고 싶은 대상에게 받아들여지지 않는다는 느낌 역시 아이에게 상처를 준다.

유아의 사회도덕성과 부모의 양육 태도 관계를 연구한 내 박사 논문에서 부모에게 사랑받지 못한다고 생각하는 유아들의 사회도덕성이 가장 낮게 나왔다.

이는 다른 많은 연구에서도 비슷한 연구 결과를 보인다. 다시 말해서 아이들은 사랑과 보살핌을 받으며, 자신이 사랑받고 있다는 믿음과 확신이 있었을 때 잘 자란다는 의미이다.

다행히 자신이 많이 나아졌다고 생각하는 이 학생은 "제 과거의 삶이 어땠고 이 삶이 저에게 어떤 영향을 주어 제가 현재 어떤 성향을 띄게 되었는지를 알게 되었습니다. 또 영아기와 유아기가 인간의 삶에 얼마나 큰 영향력을 발휘하는지, 영아기 때 아이의 유형마다 어떻게 교육해야 하는지, 기본적인 부모의 태도는 어떠해야 하는지 알게 되었습니다. 이 뿐만 아니라 부모 교육의 제도화에 대해서 생각해 보게 되었고 여기서 더 나아가 우리나라 교육 제도의 문제점과 어떻게 개선해야 될 지에 대해서도 생각해 보았습니다."라고 했다.

이 사례를 통해 전문가인 교사의 역할도 생각해 봤으면 한다. 교사는 부모가 아이와 관계를 잘 맺도록 매개 역할을 해야 한다는 것을 잘 알 수 있다. 교사에게 그 역할을 기대해 본다.

말을 잘 못하는 아이가 있어요

"특별한 애로사항은 없습니다만, 한 아이가 말을
잘못하는데 어떻게 도움을 줘야 할지 잘 모르겠
어요. 아이 나이는 만 4세입니다."

보육실습 지도 중 애로사항은 없는지에 대한 나의
질문에 예비보육교사가 한 말이다. 예비보육교사뿐
아니라 담임교사도 이렇게 언어발달 지체 아이들을
만날 것이다. 보육과 유아교육 현장에서는 코로나19
로 마스크 착용이 아이들 언어발달 지체를 더 심화시
키고 있다고 얘기한다.

만 4세인데 말을 잘못하는 것은 분명 어떤 문제가 있을 터이다. 아이의 양육환경을 알아봤다. 아이 엄마가 남미에서 온 분이란다. 아빠는 한국인으로 회사에 다닌다고 한다. 아이는 어린이집에서 하원하고 나서 엄마와 주로 지내리라 본다. 그런데 엄마가 한국말을 아직 잘하지 못한다면 아이에게 한국어 상호작용은 한계가 있을 수밖에 없는 환경이다. 이런 아이를 담임교사로 만났다면 어떻게 해야 할까?

먼저 교실에서 교사가 해야 할 일이 있다. 이 아이에게 또래를 만들어줄 필요가 있다. 스위스의 인지발달학자 피아제(1896~1980)는 아이들 발달에 또래와의 상호작용이 중요하다고 했다. 성인인 우리도 생각해보자. 성장기에 일정 나이까지는 어른들 보다 자기와 비슷한 또래에 더 관심이 가지 않았던가. 나는 그랬다.

나이가 서로 달라도 친구가 될 수 있다는 것을 깨달았던 것은 대학시절 한 선배 덕분이다. 어느 날 선배가 불쑥 "우리 친구하자."며 브라질의 국민 작가 바스콘셀로스(1920~1984)가 쓴 소설 〈나의 라임오렌지나무〉를 읽고나서 부터이다. 소설에서 주인공 제제가 학대 받으며 정신적으로 힘듦을 나무와 뽀르뚜가 아저씨를 친구 삼아 풀어간다. 이 책을 읽고 나서 '5살 제제가 아저씨와 친구로 지내듯이 나이를 떠나 친구가 될 수 있구나.'라는 생각을 했다. 이후 나보다 나이가 더 많은 사람에게 관심을 두게 된 계기가 되었다.

소설 속의 제제와 같은 경우도 있지만, 대부분 아이는 나이가 비슷한 또래에 더 관심을 둔다. 그러므로 교사는 언어발달이 늦은 아이에게는 의도성을 갖고 또래 관계를 만들어줄 필요가 있다. 특히 식사 시간이나 간식 시간에 반에서 상냥하며 말을 잘하는 아이 옆에 말이 늦은 아이를 앉게 해주길 바란다. 왜냐하면 같이 음식을 나눌 때는 쉽게 마음이 열리기 때문이다. 음식을 옆에서 먹게 한 친구와 다른 활동에서 같이 지낼 수 있도록 배려해 줄 필요가 있다.

또 이 아이 경우는 아빠와 상담이 필요할 것 같다. 아빠에게 귀가 후에는 아이와 말을 주고받으며 상호작용하되, 아빠가 먼지 말을 많이 하기보다는 아이이 관심사를 더 확장해서 반응해 주며 말을 해줄 필요가 있다. 아이는 자신이 관심 있는 것을 더 잘 받아들이

기 때문이다. 반에서 언어발달 지체를 보이는 아이가 있다면 교사가 조금 더 위와 같은 배려를 해주었으면 한다. 언어는 아이의 사회성 발달, 인지발달뿐 아니라 이후의 학습 능력에도 영향을 미치기 때문이다.

다른 아이를 꼬집고 무는 아이 어떻게 해야 할까요?

"13개월에 남자아이입니다. 다른 아이들을 자주 꼬집고 뭅니다. 아침 등원은 도우미 이모라는 분이 차로 데리고 옵니다. 아이의 엄마, 아빠 두 분다 직장을 다니십니다. 하원은 오후 6시 30분경 아빠가 데리러 옵니다. 어떻게 아이 행동을 지도해야 할까요?"

보육교사가 영아전담 특별 직무교육 때 한 질문이다. 영아반에는 반마다 이런 아이들이 있다. 정신분석학자 프로이트가 인간의 발달 단계를 5단계로 나누며 태어나서 한 살 반 정도를 '구강기', 즉 입을 통해 만족을 느끼려 하는 시기여서 무는 행위를 할 수도 있다.

한편 대상관계이론을 정립한 멜라인 클라인은 아이들을 직접 관찰하고 아이들이 가지고 태어난 '본능'에 초점을 맞췄다. 그는 아이들을 관찰한 결과, 강렬한 불안과 욕동, 강한 원시적 자극, 충동, 두려움, 환상을 가지고 있다고 봤다. 이 관점에 의하면, 아이들이 물고 꼬집는 행위는 본능일 수 있다. 그러나 모든 아이가 그런 것은 아니기에 이 논의 전부를 받아들이기는 어렵다.

언어 발달이 충분하지 않아 그럴 수도 있지만, 다른 아이들을 물고 꼬집는 정도가 자주이고 강도가 강하다면, 그 행위를 하는 아이의 심리적 불안과 관련된다고 본다. 특히 그런 행위를 하는 것은 반드시 양육 환경에 있다. 그중에서도 아이를 둘러싼 환경 중 인적 환경, 그중에서도 부모와의 관계를 들여다볼 필요가 있다. 왜냐하면 아이는 부모의 사랑을 가장 받고 싶기 때문에 그 사람에 의해 마음 상태가 결정되기 때문이다.

사례 속 아이의 양육환경은 부모님이 일찍 직장을 나가기 때문에 아침부터 다른 사람에 의해 어린이집에 온다. 오후에는 늦게 아빠가 데리러 온다. 아이는 불안할 수밖에 없는 상황이다. 교사는 부모에게 아이의 행동을 가감 없이 사실대로 전하고, 아이의 마음을 부모가 읽도록 할 필요가 있다. 아이는 부모가 자신을 충분히 사랑해 준다는 믿음을 갖게 되었을 때 마음의 안정을 느끼고, 불안이 덜해 다른 아이들을 물고, 꼬집는 행동을 줄일 수 있다.

아이의 행동을 교사가 어떻게 할 수 없다. 단 교사도 아이에게 불안을 더하지 않도록 편안하고 따뜻하게 대할 필요는 있다. 또 또래 관계 형성을 배려해서 반에서 친절하고 상냥한 아이들과 같이 지낼 수 있도록 해주어야 한다. 아이들의 행동 중 교사나 부모가 신경 쓰이는 행동은 아이의 문제가 아니라, 사람과의 관계, 특히 부모와의 관계가 중요함을 교사는 알고 대응해야 한다.

자위하는 아이를 어떻게 해야 할지요?

"만 2세 반을 맡고 있어요. 낮잠 시간 두 시간 동안 자위하는 여아가 있어요. 어떻게 대해야 할지요? 부모는 개인 생활을 중시하고 있는 분들로 아이에게 별로 신경을 쓰지 못하고 있어요. 주로 할머니가 돌보고 있는데, 할머니도 종교 생활로 바빠 세심하게 신경 쓰지 못한 편이에요."

어린이집 보육교사가 한 질문이다. 자위하는 아이를 교사는 먼저 아무렇지도 않게 아이를 대해야 한다. 교사가 놀라면서 아이에게 해서는 안 되는 행동이라고 나무라거나 행동을 저지하면 안 된다. 그렇게 되면 아이는 이후 성에 대해 자연스럽지 못한 배타적인 태도가 형성된다. 또 죄책감을 느끼게 되고 자아존중감을 갖기 어렵다.

아이가 다른 쪽으로 에너지를 발산하도록 해야 한다. 낮잠 시간 전 가능하면 밖에서 신체 활동을 통해 에너지를 충분히 써서 잠을 자게 해줄 필요가 있다. 또 실내 놀이 활동도 아이의 관심과 흥미를 살펴 환경을 갖춰야 한다. 그 아이가 할 수 있는 놀잇감이나 교구를 준비해서 아이가 좋아하는 활동에 집중하고 몰입할 수 있도록 해야 한다.

가정과의 연계도 필요하다. 정신분석학자 이승욱은 "아버지들은 이제 막 자아(Ego)가 형성되고 성 정체성의 밑그림을 희미하게 그려 가는 3세 전후의 아이들에게 경쟁적 놀이 상대가 되어 주는 것에 많은 시간을 함께해야 한다. 이때의 놀이는 역시 가능한 도구를 최소화하고 몸으로 함께 노는 것이다. 가장 좋은 것은 둘만의 놀이를 만들어 내고 아이와 함께 규칙을 정하는 것이다. 아주 단순한 놀이여도 아이들은 아주 즐거워 한다. 부모와 아이와 함께 만든 놀이 (위험하거나 해를 끼치는 것만 아니면 되겠다.)라면 어떤 놀이든 상관없다."라고 한다.

지금 아이의 마음은 부모나 할머니에게 사랑받는다는 믿음을 갖기 힘든 상황임을 알 수 있다. 부모 면담, 조모 면담을 통해 아이의 행동을 사실대로 전하고, 아이의 행동을 혼내지 말고 대신 아이가 사랑받는다는 확신을 가질 수 있도록 해줄 것을 권면해주길 바란다. 이는 이 박사가 말하듯이 도구보다 몸으로 함께 노는 놀이면 충분하다.

선생님만 붙들고 있는 아이 어떻게 해야 하나요?

"만 4세 반을 맡고 있어요. 어린이집에 와서 또래
들과는 상호작용을 하지 않고 저만 붙들고 있는
아이가 있어요. 아이 엄마는 알코올 중독으로 알
려져 있고, 둘째를 임신하고 있어요. 제가 이 아이
에게 어떻게 해줘야 할까요?"

보육교사가 한 질문이다. 직접 확인하지 않았어
도, 교사의 얘기만 듣고도 아이의 심리가 어떤 상태
인지, 왜 그런 행동을 하는지 알 수 있다. 아이는 가장
사랑받고 싶고, 자기 마음을 가장 많이 차지하고 있

는 엄마의 사랑을 받기 어려운 상황이다. 엄마가 건강하지 못한 상태에다 게다가 동생을 임신하고 있다면, 아이는 그야말로 불안이 더할 수밖에 없다. 집에서는 엄마에게 사랑받기 힘든 상황이다 보니 어린이집에 와서 선생님에게 집착하는 것이다.

보육교사가 어떻게 해야 할까? 먼저 아이에게는 최대한 따뜻하고 편하게 대해야 한다. 집에서 마음 둘 곳이 없어 어린이집에 와서 교사에게 사랑받고 싶어 하는 행동이다. 이때 교사가 받아주지 않는다면 아이는 마음의 상처가 클 것이며, 극심한 불안으로 더 좋지 않은 행동으로 나타날 수 있다. 동물행동학자 할로우는 애착 형성조건으로 먹는 것보다 더 중요한 것이 따뜻한 느낌의 접촉임을 새끼 원숭이 실험을 통해 밝혔다. 다음으로 교사는 이 아이에게 또래 관계를 만들어줄 필요가 있다. 원에서 누구에게나 말을 잘 붙이고, 상냥한 아이와 식사도 같이 하게 하고, 이후 놀이도 함께 할 수 있도록 교육의 의도적 배려를 해줘야 한다.

그리고 교사는 부모를 만나야 한다. 가정 상황을

정확히 알기 어렵지만, 엄마가 알코올 중독으로 만나기 힘들다면 아빠를 만났으면 한다. 아빠에게 아이가 원에서 보이는 행동에 대해 전하고, 아빠가 최대한 아이와 편하게 지내달라고 해보자. 아이가 아빠를 통해 심리적 안정을 가질 수 있도록 해달라고 당부했으면 한다. 또 아빠에게는 엄마가 알코올 중독에서 벗어나 아이와 잘 지낼 수 있도록 역할 하기를 권면했으면 한다. 상태에 따라서는 전문가 상담 등도 필요하지 않을까 싶다. 부모가 동생 임신에 대해서도 아이와 얘기를 나눠서, 동생을 임신했지만, "너도 여전히 사랑할 것이다."라는 메시지를 전달할 필요가 있다.

아이를 생각하면 마음이 아픈 사례이다. '엄마가 아이를 아프게 한다(문은희)'라는 책의 제목과 같은 상황이다. 엄마의 빠른 건강 회복을 빌게 된다. 쉽지 않은 상황이지만, 전문가로서 교사 역할을 기대한다면 지나친 욕심일까.

자폐 경계로 보이는 아이
부모에게 어떻게 전해야 하나요?

"요즘은 자폐 경계로 보이는 아이들이 눈에 띄어요. 예를 들어 눈을 마주치지 않는다거나, 반응이 없거나 등이요. 교사들끼리는 '저 아이 혹시 자폐가 아닐까?'라는 말을 합니다. 이 경우 부모들에게는 어떻게 전해야 할까요?"

어린이집 원장과 교사를 대상으로 '영아 발달 특성' 과목으로 세 번 만나 특강 형식의 직무교육을 했다. 마지막 강의를 마치고 강의 자료 정리를 하는데 두 교사가 다가온다. "어린이집 사정상 올 수 없는 상황이었는데, 교수님 강의가 너무 유익하고 좋아 빠지지 않고 듣고 싶어 왔어요."라고 한다. 그러면서 같이 사진 촬영 요청까지 한다. 그 교사가 한 질문이다.

자폐, 자폐증을 요즈음은 '자폐스펙트럼 증후군'이라 한다. 그만큼 증상이 다양하다는 의미이다. 높은 시청률을 보였던 '이상한 변호사 우영우'는 '자폐스펙트럼 증후군'에 관해 일반인들도 어느 정도 이해하게 해준 드라마이다. 드라마 속 우영우는 상대방 말 따라 하기, 장난감 줄 맞추기, 울다가 관심 있는 얘기(법)를 하면 울음 그치기, 고래에 집착, 말 빠름, 물병이나 김밥 맞추기, 접촉 꺼림, 옷 가지런히 하기 등의 모습을 보였다. 또 사회성이 없고 눈을 마주치지 않는 행동도 보였다.

7세 자폐스펙트럼 증후군 아이를 둔 엄마를 만나 인터뷰한 적이 있다. 엄마는 "지적장애는 사회성이 좋은데, 우리 아이는 그러지 못해요."라고 했다. 일 때문에 아이가 10개월 되던 때 시댁에 아이를 맡기고 1주에 한 번 보러 갔다. 돌이 지나고 시어머니가 아이 행동을 전한다. 이름을 불러도 눈을 마주치지 않고,

'아빠' 단어만 되풀이하고 '죔죔 놀이' 조차도 안 되고 자동차, 쟁반 등 물건을 굴리는 행동만 반복한다고 했다. 아이는 초등학교 들어가기 전 자폐스펙트럼 증후군 진단을 받았다.

자폐스펙트럼 증후군 원인은 크게 유전, 생물학, 환경의 영향으로 본다. 통계적으로 3세 이전에 발병하며, 남아에게서 더 많이 나타나는 것으로 밝혀졌다. 증상은 사례에서처럼 상호작용이 어렵고, 나이에 맞지 않는 언어발달을 보이며, 관심사에만 집중하고, 반복적인 상동행동을 나타낸다. 일반적으로 치료는 행동치료와 놀이치료를 한다.

어떤 발달 지체이든 조기 발견과 전문적 조기 개입이 중요하다. 그러므로 교사는 아이의 행동 중 위 사례와 같은 행동이 보인다면 부모에게 있는 그대로 아이 행동을 전하고, 전문가 상담과 진단을 받을 수 있도록 신중하게 권면해야 한다. 그게 아이와 그 부모를 위한 길이고 사랑이다.

5장

마음가짐과

태도

존재 자체가 소중한 아이들

"사랑은 애써 증거를 찾아내야 하는 고통스러운 노동이 아니었다. 누군가의 심연 깊은 곳으로 내려가 네발로 기면서 어둠 속에서 두려워하는 일도, 자신의 가치를 증명해야만 어렵게 받을 수 있는 보상도 아니었다. 사랑은 자연스럽고 부드러운 것이었다. … 현주는 미리에게 미리의 존재 이외의 것들을 요구하지 않았다(최은영, 〈애쓰지 않아노〉 부급휴사 중)."

소설 속 문장이다. 문화체육관광부와 국방부 주최

'병영독서코칭'이라는 프로그램이 있다. 강사는 군인들이 일정 기간 6권의 책을 읽게 한다. 읽을 책은 소설, 역사, 시, 철학·예술, 사회과학, 자기 계발 관련 내용이다. 나도 3년째 강사로 참여하고 있다. 올해 맡은 부대에서 읽을 소설은 최은영 작가의 〈애쓰지 않아도〉이다. 작가는 위에서처럼 사랑은 애쓰지 않고, 있는 그대로 상대를 바라봐 주는 것임을 전한다.

8년 전 제주로 수학여행을 가던 고등학생을 비롯하여 304명이 바다에서 사망·실종되었다. 나는 이 일 이후 인간은 존재 그 자체가 소중하다는 생각으로 인간관이 완전히 바꼈다. 당시에는 길을 가다가도 사고를 당했던 또래의 고등학생을 보면 눈물이 났다. 처음 보는 아이들을 보고도 속으로 "살아 있어 줘서 고맙다."라는 말을 되뇌었다. 세월이 흘러 그 또래 아이들을 대학에서 만나기도 했다. 어떤 아이들은 노란 리본을 소지하고 있었다. 그 아이들을 볼 때마다 고맙고 미안했던 기억도 있다.

특히 쉽지 않겠지만 부모들은 자녀에 대해 욕망을 내려놓았으면 한다. 정신분석학자 이승욱은 "내담자

의 99%는 어린 시절 부모-자녀 관계로 증상을 나타
낸다. 부모가 자녀에게 욕망을 투영해서는 안 된다."
라고 한다. 내 자식이 살아 있다는 그 자체만으로도
감사하지 않는지? 교사도 아이들을 존재 그 자체로
만나주었으면 하는 바람이다.

안타까운 아이들의 상처가 낫도록 매개 역할을 하길

"아이들과 지내다 보면 그냥 미운 친구들이 있는데, 그 아이들도 상처가 있어서그런 거구나 생각하니 안타깝네요. 더 깊이 있게 관찰해야겠다고 생각했습니다." "아이들의 마음을 이해하고 노력하는 교사가 되겠습니다." "아이들의 행동에는 이유가 있음을 마음에 새기고 아이들을 진정으로 위하는 교사가 될 수 있도록 학문적 소양을 기르도록 하겠습니다. "재취업을 위한 교육이었지만, 제 아들딸을위한 말씀들이어서 아주 유익한 시간이었습니다." "5살 아이를 둔 엄마인데, 오늘 말

쓸 엄마로서도 교사로서도 너무 유익한 내용이었습니다."

보육교사로 재취업하고자 하는 분들이 듣고 쓴 강의 소감 중 일부이다. 보건복지부 산하 한국보육진흥원에서 주관하는 '장기 미종사자 교육'이다. 보육 현장에 있다가 2년 이상 휴직했거나, 보육교사 자격증 취득 후 2년이 지났다면 반드시 들어야 하는 의무 교육이다. 열 명이 집필한 교재를 전국적으로 사용한다. 나도 저자로 참여하여 '영유아의 긍정적 상호작용' 원고를 썼다. 강의는 '영유아 행동의 발달적 이해'를 맡고 있다. 강의 후 소감은 위의 내용처럼 도움이 되었고 교육의 필요성을 느꼈다고 한다.

소감 중 "미운 친구들도 있는데, 그 아이들도 상처가 있어서 그렇다는 것을 알게 되었고, 안타깝다."는 내용은 참으로 귀한 깨달음이다. 여기에 아이들에게 상처를 준 사람은 대부분 아이가 가장 사랑받고 싶은 부모라는 사실을 안다면 더욱 좋겠다. 또 그 부모도 어린 시절이 있는데, 그 부모도 어린 시절에 받은 상처가 있어, 그 상처가 아이에게 상처를 주고 있음도 알았으면 한다.

그렇다면 아이들을 잘 양육하기 위해서는 어떻게 해야 할 것인가. 그 상처를 보듬어 안아주어야 한다. 먼저 부모가 안고 있는 상처를 알아차리게 하고, 스스로 그 상처를 안도록 해야 한다. 그 결과 편안하고 담담해진 부모가 아이들을 양육해야 한다. 사회적으로 이렇게 하는 제도가 정착되면 좋겠다. 현실적으로 아직 그렇지 못한 상황에서 교사가 전문가로서 그 매개 역할을 했으면 한다. 이를 위해 쓴 동화가 〈별을 찾는 아이들〉이다.

교사로서 전문가적 입장에서 역할을 하기 위해서는 기회가 되면 심리상담 공부도 했으면 한다. 그렇게 되면 전문 상담가는 아니더라도 어느 정도 부모 마음을 열게 하고 품어주는 데 도움이 될 것이다. "마음을 울리는 소중한 시간이었습니다." "감동적 강의 감사드려요."라고 한 소감의 완성은 실천이다. 배움의 완성을 이루는 교사를 기대한다.

이해하니 안타까웠어요

"만 2세 반에서 실습했어요. 그 반에 조금 특별한 아이가 있었어요. 늘 혼자 노는 아이였어요. 호기심이 많아서인지 이것저것을 만지다가 담임 선생님에게 자주 혼났어요. 담임 선생님은 아이를 문제 아이로 여기고, 화가 먼저 나가더군요. 그런데 알고 보니 아이가 제대로 사랑받지 못하는 환경이더군요. 그 아이 환경을 이해하니 안타까웠어요."

예비 보육교사가 어린이집에 보육 실습을 다녀와

서 최종보고회 때 한 실습 때 인상 깊은 일로 발표한 소감이다. 아이가 어떤 양육환경이었는지 자세히 알 수는 없었지만, 어떻든 아이가 사랑받지 못하고 어린이집에 와서 보이는 행동이다. 사랑받아야 할 사람에게 사랑받지 못하면 불안하고 힘이 없다. 그러니 아이도 어린이집에 와서 혼자 노는 모습을 보인다고 볼 수 있다.

이것저것 만지는 것은 이 시기의 발달과 관련이 있다. 이 시기는 호기심이 많고 신체적으로 움직임이 많은 시기다. 그러니 가만히 있지 않고 돌아다니며 이것저것 만진다. 그러다가 선생님에게 혼나는 아이의 마음을 생각해 보자. 다행히 실습 교사는 그 아이의 마음을 읽었다.

전 문화재청장을 지낸 미술사학자 유홍준 선생은 〈나의 문화유산 답사기〉 서문에서 "아는 만큼 보이고 느낀 만큼 보인다." "사랑하면 알게 되고 알면 보이나니, 그때 보이는 것은 전과 같지 않으리라."라고 했다. 실습 교사가 '안타깝다.'라고 한 것은 바로, 이 이치와 같다. 아이를 사랑의 눈으로 바라 봤다. 다행이었고 고맙다. 비록 그 아이 옆에 계속 있어 줄 수 없지만, 이후 교사가 되었을 때도 그 마음에 변함이 없기를 바란다. 사랑은 안타까움이다.

구순을 바라보는 노모에 대한 나의 마음이 안타깝다. 그래서 노모와 여행 중 있었던 일, 노모가 나에게 준 사랑 등을 글로 묶어 낸 책 제목을 〈사랑은 안타까움이다〉로 했다. 어린이집, 유치원 등 영유아 교육기관에서 교사 입장에서 신경 쓰이는 행동을 하는 아이가 있다면, 실습 교사가 말한 담임 교사처럼 그런 아이를 문제 아이로 보기보다는 아이가 사랑받지 못해 신호를 보내고 있다고 여기길 바란다. 그때 안타까운 마음이 생겨 아이에게는 어떻게 대하고, 부모에게는 어떤 조언을 할지의 올바른 태도와 방법이 나올 터이다.

아동학대 할 것 같아서 그만두었어요

"어린이집 교사로 근무했어요. 그런데 아이들과 같이 지내다 보면 예쁜 아이들도 있지만, 말을 듣지 않는 아이들도 있더군요. 그러다 보니 제가 제 성질을 못 이겨서 아이들을 학대할 것 같았어요. 그래서 그만두었어요."

어느 모임에서 들은 고백이다. 이 전직 교사뿐 아니라 지금 현직에 계신 분도 그만두지는 않았지만 비슷한 생각, 즉 말을 안 듣는 아이들에 대한 감정이 좋지 않은 경우가 있으리라 본다. 이럴 때 어떻게 해야 할까? 여러 가지 방법이 있겠지만 여기서는 세 가지만 제시하고자 한다.

먼저, 자신이 왜 영유아들과 함께하는 교사가 되었는지 본질적인 생각을 해보자. 이 세상에는 다양한 직업이 있다. 그런데 "하고 많은 직업 중에서 나는 왜 유치원 교사, 보육 교사 되었나?" 자문자답해 보면서 교사로서의 철학을 세워보길 권한다. 즉 무엇을 중요시할 것인지의 문제이다.

다음으로, 자신이 맡은 아이들은 인간 발달 단계에서 매우 중요한 시기라는 자각을 하자. 그렇다면 아이들을 정성으로 양육할 수밖에 없지 않을까 싶다. 힘들 때도 있고, 아이들이 미울 때도 있겠지만, 인내하거나 생각을 바꿀 수 있지 않을까.

마지막으로 심장 호흡을 하면서 마음을 편안히 가라앉힌 후, 내 안의 나를 들여다보자. 내 내면에 집중해 보는 것이다. 특히 어린 시절 자신이 경험한 일, 실제 있었던 일을 떠올려 보자. 전문적인 용어로는 정신분석학에서 '내면 아이 찾기'라 한다. 그때 내 감정, 생각 등에 초점을 맞춰보자. 혹시 무서운 장면, 슬픈 장면, 화가 난 장면 등 부정적인 감정을 불러일으키는 장면과 생각이 떠오른다면 피하지 말고 직면하자. 그때 나를 화나게 했던 사람을 만날 수 있으면 만나서 그때 왜 그랬는지 물어보자. 만날 수 없다면 혼자서 그 사람이 앞에 있다고 생각하고 말을 주고받아 보자. 또는 그 사람에게 글을 써보자.

이 외에도 각자 자신의 마음을 다스릴 수 있는 방법을 찾아보면 어떨까 한다. 자연을 걸을 수도 있겠고, 명상을 할 수도 있겠고, 관련 책을 찾아서 읽어보는 등 자신이 좋아하고 할 수 있는 방법을 실천해 보다. 교사가 편안하고 행복해야 아이들과도 잘 지낼 수 있고, 아이들도 행복해질 수 있기 때문이다.

먼저 아이를 만나 아이의 발달과 마음을 알기를

2020년 봄에 유행한 코로나19 이후 약 2년 반 동안 주로 비대면으로 학생들을 만났었다. 2022년 2학기부터는 전면 대면 강의이다. 지금은 대면으로 만나지만 물론 실내 마스크 착용 의무로 모두 마스크를 한 상태이다. 나는 세탁이 쉬운 선물로 받은 수제 면 마스크 위에 K94를 한다.

마스크 착용 없이 수많은 사람이 운집한 가운데 실내에서 치른 영국 엘리자베스 2세 여왕 장례식을 보면서, 조만간 실내 마스크 착용도 해제하지 않을까 싶다. 해제되더라도 사람을 주로 만나는 입장에서는 코로나가 종식되지 않는 한 마스크 착용은 계속할 것 같다.

새학기에 강의 첫날은 먼저 강의계획서를 배부한다. 개강 전 이미 학교 시스템에 올려진 강의계획서가 있으니 학생들이 프린트 해오면 좋은데 그런 학생은 한 반에 한두 명이다. 그래서 매 학기 내가 중요한 내용만 담은 강의계획서를 별도로 만들어서 배부한다.

강의계획서를 배부 후 출석을 부르고 나서 학생들에게 사는 지역, 왜 유아교육과에 들어왔는지, 졸업 후 진로, 세 가지에 대해 앞으로 나와 1분 정도씩 말해보라고 했다.

"2년 동안 지역아동센터에서 봉사 중 맞벌이 아이들이 눈에 들어왔습니다. 그 아이들을 위해 할 수 있는 일을 하고 싶습니다." "어린 영아들이 좋아서 유치원보다 어린이집에서 공감할 수 있는 교사가 되고 싶습니다." "아동 인권에 관심이 많습니다. 그와 관련된 일을 하고 싶습니다." "임용

고사를 준비해 국공립 교사로 근무하고 싶습니다."

주로 교사가 되고 싶다고 한다. 그 밖에 교사로 근무하다가 궁극적으로 하고 싶은 진로까지 말하는 학생들도 있었다. "상담심리사나 심리학자가 되고 싶습니다." "동화작가가 되고 싶습니다." "어린이를 위한 교구를 만들고 싶습니다." "교수가 되고 싶습니다." "부모교육 강사가 되고 싶습니다."

학생들의 얘기를 듣고 먼저 경험한 입장에서 도움이 될만한 얘기를 말해준다. 내 얘기는 참고하고 최종 선택은 물론 본인의 몫임을 전하며, 관계자를 더 만나보고 관심 분야에 대해 더 깊이 알아볼 것도 권한다. 내가 전하는 얘기 중 하나는 졸업 후 어떤 일을 하게 되든 먼저 아이들을 만날 것을 제일 먼저하고, 가장 중요하게 생각하라고 한다. 왜냐하면 상담가, 심리학자, 동화작가, 교구 제작, 교수, 부모교육 강사 이 모든 일도 먼저 아이들을 만나 아이를 잘 이해를 해야 제대로 할 수 있는 일들이기 때문이다.

또 다른 당부 중 하나는 아이들을 만나는 교사로서 역할을 할 때는 경력관리를 할 것도 당부한다. 어느 유치원, 어린이집에 가든 문제가 있을 수 있기 때문에 다른 곳에 옮기더라도 어려움은 있다. 그러므로 경력관리 차원에서 한 기관에서 적어도 3년은 근무하길 권한다. 배울 곳이 많은 곳은 역할모델 삼아 배우고, 그렇지 않은 곳은 반면교사 삼아 "나는 저렇게 하지 않아야겠다."라는 또 다른 배움의 기회로 만들라고 한다.

경력관리가 필요한 사례로는 내가 직접 두 곳의 지자체에서 8년 동안 경험한 보육정책위원 사례를 들어준다. 시립이나 구립 어린이집 원장 채용 심의하기 위해 이력서를 검토하다 보면, 영유아 교육기관 근무 중 자주 옮긴 지원자를 볼 수 있다. 그 경우에는 다른 면이 뛰어나더라도 쉽게 원장 후보자로 정하기가 쉽지 않다. "원장의 임무를 맡겼는데 혹여 교사 때처럼 쉽게 그만두게 되지 않을까?"라는 생각이 들기 때문이다.

요즈음 어린이집이나 유치원에 갔다가 일이 힘들

거나 관계가 어려워서 금방 그만두거나 이직하는 경우가 많다. 실제로 실습을 갔다 온 학생 중에는 벌써 "실습을 하고 나서 이 일이 너무 힘들어서 물리치료사나 치위생사 등을 생각하고 있습니다." "실습 후 힘들어서 아직 무슨 일을 해야 할지 잘 모르겠습니다." 라는 경우도 있다.

그러나 위의 경험을 얘기했듯이 아이와 함께하는 일을 하겠다는 교사라면 경력관리를 해주길 바란다. 또 앞에서 강조했듯이 유아교육과 졸업 후 어떤 일을 하든 먼저 아이들을 만나 아이의 발달과 심리를 더 공부하고 파악했으면 한다.

아이의 마음을 공감해 주는 교사가 되길

"저도 부모님이 맞벌이로 유아기와 학령기 힘들었는데요, 그런 아이들에게 도움이 되어주고 싶네요."

교사가 되기 위해 교육과정을 듣는 수강생이 한 말이다. 강의 과목은 '영아기'와 '학령기' 발달이었다. 윗글을 쓴 예비교사와 같은 마음이라면 교사가 되어서도 공감을 잘하리라 본다. 그 외 수강생들의 강의를 듣고 나서 한 마디씩 쓴 내용을 통해 강의에서 내가 강조한 내용을 알 수 있다.

"아이들의 자존감을 키워주겠습니다." "아이가 스스로 할 수 있게 하겠습니다." "어린 아이 시기가 평생을 좌우한다는 것을 다시 한번 깨닫게 됩니다." "'기다리는 것도 일이다'는 말을 가슴 깊이 새기며 인내하며 사랑으로 해 보겠습니다." "애착, 자신을 돌아보는 계기도 된 것 같아요." "아이를 좀 더 세심히 관찰해야 할 것 같아요." "초등학생이어도 재양육이 가능하다는 것을 알았어요. 감정코치형 교사가 되겠습니다." "먼저 스스로 행복하겠습니다." "아이들의 문제행동의 원인과 해결방안이 큰 도움이 되었어요. 심장 호흡법도 좋았어요." "경청, 수용, 공감 잊지 않을게요."

영아기는 역시 애착 형성이 중요하고, 학령기는 자아존중감 발달이 중요하다. 물론 자아존중감도 영유아기부터 스스로 밥을 먹게 하고, 신발을 신는 등 작은 성취의 경험을 많이 하게 하는 것이 중요하다. 그러기 위해서는 소감에서도 적고 있듯이 기다려주고 스스로 하게 해야 한다.

"명강의 감사합니다." "강의가 너무 좋았어요." "이론적인 수업이 아니라 현실적인 수업 너무 감사했어요." "책임감의 무거움을 느끼게 해준 강의였습니다." "뒤늦게 도전한 이일에 자부심을 느끼게 해주심에 감사드리고 더욱 열의와 열정을 다해야 함을 느낍니다." "적절한 동영상을 이용한 것이 좋았어요." "살아가면서 많은 일들을 자신감 있게 행복할 수 있을 것 같아요." "교수님의 훌륭한 교육 철학과 가르침을 실천하는 교사가 되도록 노력하겠습니다."

이와 같이 내 강의에 공감한 내용을 아이들에게 잘 적용하는 교사가 되길 바란다. 공감한다는 것은 내 방식대로가 아닌, 아이의 마음을 읽는 것임도 잊지 말아야 한다. 만나는 아이들에게 마음을 묻는 교사가 되길 기대한다.

체력 관리와 스트레스를 관리해야

"체력 관리와 스트레스를 관리해야 한다."

교직실무 교재에 나오는 유아 교사의 자기관리 내용이다. 영유아를 돌보는 교사는 체력 관리를 잘해야 한다. 특히 영아를 돌보는 교사 중에서는 아이를 돌보다 "어깨가 빠졌다." "허리를 삐끗했다." "앉았다, 서다를 반복하다 보니 무릎이 아프다."라고 하는 경우가 있다. 종종 "화장실을 제때 못 가 방광염에 생겼다."라고도 한다. 내 몸이 아프면 아무것도 하고 싶지 않고 삶의 질이 낮아진다.

고대 중국에서는 세상을 다스리는 군자가 가장 중요하게 생각해야 할 일은 '자기 몸 관리'라고 했다. 내 몸이 아프기 전에는 이 말을 이해하기 어려웠다. '이 기적이지 않은가?'라는 생각까지 들었다. 하산 길에 다리를 다쳐 몸이 불편한 경험을 통해 내 몸이 아프면 다른 것을 돌볼 수가 없다는 것을 알게 됐다. 이가 아파 본 경험 있는 사람은 작은 이 하나 아픈데 온 신경이 그곳에 쏠린다는 것을 알 것이다.

그러므로 교사는 육체적 건강 관리를 잘하는 게 중요하다. 현대인의 일상은 분주하다. 운동을 꾸준히 한 적도 있지만, 한때는 나 역시 바쁘다는 이유로 운동을 뒷전으로 했었다. 육체의 불편함으로 삶의 질이 떨어지게 된 경험을 하고 나서는 건강을 위해 특별한 경우를 제외하고는 매일 운동을 하고 있다. 가능하면 밖으로 나가 걷기와 운동 기구를 이용해 근력 운동도 한다.

유아 교사는 스트레스 관리로 마음의 건강도 챙겨야 한다. 정서적으로 편안한 상태를 유지하도록 노력할 필요가 있다. 세상을 살아가면서 스트레스 없이 살 수는 없다. 그러나 상황이나 사건을 어떻게 생각하는가에 따라 스트레스가 될 수도 있고, 나를 좀 더 나은 방향으로 나아가게도 한다.

나는 어떤 사람과의 관계에서 상대가 성격이 급해 화를 낼 만한 상황이 될 것 같으면, 미리 "내 안에 행복이 있다. 내 안에 기쁨이 있다."라고 나에게 주문을 건다. 내 마음의 안정을 위해서다. 교사는 이렇게 나름의 방법으로 심리적 안정감을 느끼고 담담하기 위해 노력할 필요가 있다. 상담사들이 내담자를 만나 상담을 하는 것도 궁극적 목적은 담담함을 유지하도록 하는 것이라 볼 수 있다. 담담함을 넘어서서 행복하도록 노력할 필요도 있다.

보건복지부에서 제시한 스트레스 관리하기를 위한 건강 수칙 첫 번째가 '긍정적으로 세상을 보고 감사한 마음으로 산다.'이다. 정신분석학자 김정일이 쓴 〈어떻게 태어난 인생인데〉 라는 책이 있다. 그는 많은 사람을 만나 상담했는데, 어떤 사람들이 자신을 찾아오는지를 살펴봤더니 공통된 점이 하나 있더란다. 바로 "감사하는 마음 없이 불평과 불만이 많은 사람이다."라고 했다. 세계적인 영향력을 가진 오프라 윈프리가 매일 감사 일기를 쓰는 이유도 스스로 행복하기 위해서라도 할 수 있다. 그래야 내면에 힘을 갖고 주위에 선한 영향력을 줄 수 있기 때문이다.

유아 교사는 육체적 건강과 스트레스를 관리해서 심리적으로 안정감을 느끼고 행복하길 바란다. 무엇보다 살아있다는 그 자체가 감사한 일임을 기억했으면 한다.

차별이요? 너무 많아요

"차별이요? 너무 많아요. 그나마 일본은 가깝다는 이유에서인지 덜 하지만, 동남아시아인에 대한 차별은 심한 것 같아요. 그들이 그 나라 언어를 자랑스럽게 사용할 수 있게 해야 해요. 언어와 문화를 서로서로 배워야 하고, 외국인 노동자도 단순한 노동자가 아닌 사람으로 대우해야 합니다."

학회에서 다문화 사회에 대해 발표하는 연구자에게 "차별받은 경험이 있느냐?"의 질문에 대한 답변이다. 이 연구자의 답변처럼 우리 사회는 결혼이주여성이나 외국인 노동자에 대한 차별과 편견이 아직도 많음이 엄연한 현실이다.

나도 외국에서 7년 살았다. 외국 생활을 하면서 차별을 받았다는 느낌을 받은 적은 크게 없다. 단 한 번 학교에서 기분이 별로 좋지 않은 경험은 했다. 가을 MT를 가기 위해 조별 토의를 하는 시간이었다. 다른 조장이 다른 조원들은 다 불러 모아 놓고 얘기하는데 나에게는 오라는 얘기를 하지 않았다. 그때 왜 나를 소외시키지 하는 생각을 한 적이 있다.

지금 생각하면, 유학 생활 2년째로 아직 현지어 소통이 부족하고, 더구나 그 나라 지리를 잘 모르니 MT 장소 선정 등에는 한계가 있어서 그럴 수 있었겠다는 생각은 든다. 어떻든 이 경험을 통해 차별하지 않고 편견을 갖지 않는 것도 중요하지만, 언어소통이 다소 어렵더라고 일원으로 함께 한다는 것의 중요성을 깨우치게 되었다.

다양한 사람과 함께 살아가야만 하는 시대에 누구와도 더불어 살아가는 가치를 갖게 해주기 위해서는 어려서부터 그런 경험과 교육이 필요하다. 어린이집이나 유치원에서 교사들이 먼저 열린 생각을 갖고 자연스럽게 아이들이 경험하게 해야 할 것이다. 언어나 문화에서 다양성을 갖는다는 것은 그 아이의 경쟁력이다. 교사들의 역할을 기대한다.

사회를 걱정하는 이들이 희망이다

"정치와 세계, 복지에 관심이 많습니다. 진로도 정치외교학과 진학 후 방송기자를 희망하고 있습니다." "복지선진국의 사례를 통해 우리나라 복지의 방향성을 살펴보고 싶습니다." "정보화 사회의 도래와 코로나19를 기점으로 불거진 복지에 관심이 있습니다. 우리나라는 복지에 대해 앞으로 어떤 정책 방향을 가져야 하는지 궁금해서 지원하게 되었습니다."

경기도 교육청에서 진행하는 '경기꿈의 대학' 중

내가 개설한 〈복지선진국 사례를 통해 그려보는 한국의 복지〉 첫 강의를 듣고 수강생이 쓴 동기이다. 우리 미래를 걱정하고 있다. 코로나19로 사회의 양극화가 더욱 두드러진 점을 걱정하는 학생도 있었다. 강의 후 그들의 소감에서 내가 강의한 내용을 알 수 있다.

"저는 오늘 배운 내용 중에서 복지(분위기만 복지, 미비)의 의미와 우리나라의 장애인 복지 실태에 대한 내용이 기억에 남습니다." "우리나라의 복지에 대해서 많이 생각해 보지 못했는데 이번 강의를 통해 아직 개선해야 할 점이 많다는 것을 느꼈습니다. 인간의 삶에 복지가 정말 중요하다는 것을 깨달았습니다." "영국은 1942년 제정된 베버리지 보고서에서 생존권을 규정하였다는 내용이 복지의 본질을 내포한 것 같아 인상 깊었습니다." "덴마크에서는 우리나라와 다르게 장애를 '또 다른 특성' 이라고 생각한다는 점이 흥미로웠습니다. 보통 비장애인들이 생각할 때 장애를 가진 사람은 불편하고 도움이 필요하다고 많이 생각하기 때문에 장애라는 걸 특성이 아닌 단점으로 많이 봅니다. 우리나라도 그러한 편견과 생각들이 빨리 개선되어야 할 것 같습니다."

"오늘 들은 내용 중에 도와주는 게 아니라 '스스로 하게끔 지원해준다'라는 말이 제일 기억에 남았습니다 이 말을 듣기 전까지 저는 도와주는 것, 도움이 필요한 사람들이라고 생각을 했지만 내용을 들은 후 생각이 완전히 바뀌었습니다." "보건복지부 공무원들의 영상을 보면서 '가난은 대물림된다고 하지만 그것을 끊어낼 수 있는 것이 교육, 주거지원, 의료, 경제 지원이다.' 라는 말이 굉장히 인상적이었습니다." "복지는 선별적으로 이루어지기보다, 모두에게 보편적으로 이루어져야 한다는 점을 알게 되었습니다. 우리나라에서 최근에 장애인 이동권, 노동권 등 장애인 권리를 위한 시위가 많이 일어나고 있는 만큼 장애 복지에 관심을 많이 가지고 있었는데, 그들을 진실로 도우려면 다른 무엇보다도 직접 만나 이야기를 해야 한다는 것을 깨달았습니다."

인간의 삶과 사회를 걱정하는 청소년들과 함께한

다는 것이 기쁘다. 생각에서 그치지 않고 실천해 주기를 바란다. 지금의 정치를 보면 국민으로서 걱정이 되지만, 이들이 있어 그래도 우리 사회는 희망적이다. 스웨덴, 덴마크, 네덜란드 등 복지선진국 사례를 살펴보고, 한국의 복지를 고민해 보는 시간을 가졌다. 이들의 이후 역할이 기대된다.

실천이 배움의 완성이다

코로나19 3년째 늦가을 주말 오후 '영유아 심리 이해 및 문제행동 이해' '직업윤리 및 서비스 마인드 교육' 강의를 했다. 수도권에서 여성가족부 산하 한국건강가족진흥원 소속 아이돌보미 활동을 하는 교사 30여 명이 교육 대상으로 보수교육 과정이었다.

근무 연수는 길게는 11년부터 짧게는 1년까지 다양했다. 길게 하신 분의 얘기를 잠깐 들었다. "아이들이 저를 좋아하는 것 같아요. 저도 아이들을 좋아하고요. 특히 어린 아이들에게는 장소를 자주 바꿔주어

지루하지 않게 하고 있어요."라고 한다.

그 교사의 말을 듣고 있다 보니 그분은 정말 아이들을 사랑하고 있다는 생각이 들었다. 그래서 내가 "선생님이 아이들을 사랑하시네요. 그래서 아이들이 선생님을 좋아하고요."라고 말해주었다.

네 시간 강의 중 한 시간은 내가 준비한 자료로 '영유아기 의미와 중요성'을 전했다. 또 한 시간은 '영유아 심리 이해 및 문제행동 이해' 과목의 핵심인 '애착 형성'을 중심으로 강의했다. 다른 두 시간은 교재의 핵심적인 내용을 전했다. 강의 후 소감이다.

"부모와 아이의 애착의 중요성을 인식하게 되었습니다." "내가 보는 한 명 한 명에게 애착을 느낄 수 있도록 많이 안아주고 사랑을 주도록 해야겠습니다." "아이들과 애착이 무엇보다 중요한 것 같습니다. 나중에 아이들에게 기억되는 선생님이 되고 싶습니다." "애착 형성이 얼마나 중요한지 다시 한번 깨달았고, 스스로 하게 기다려 줘야겠다는 생각을 했습니다." "아이가 보내는 신호를 민감하게 관찰하고 반응하겠습니다." "정말 발달 과정에서 중요한 시기를 함께하는 아이돌보미로 서 자긍심과 사명감을 갖고 부끄럽지 않은 아이 들이 좋아할 수 있는 선생님이 되겠습니다."

다행스럽게 내가 강조하기도 했고, 실제로 영유아 발달에서 가장 중요한 애착에 관한 얘기가 많았다. 11 년 근무한 분은 "애착, 관계, 기다림, 사랑, 부드러움, 전문가답게"라고 강의 내용을 핵심어로 잘 정리해 주었다.

그 외 강의에 대한 긍정적인 피드백도 많았다. "강 의 내용 모두가 마음에 와닿고 깨달음이 많았습니다. 다시 배운 대로 시작하겠습니다." "열정적인 강의 잘 들었습니다." "진심이 느껴지는 교수님의 강의 감사 합니다." "교수님 강의로 저의 활동을 되돌아 보며 반 성도 많이 하고, 요즘 좀 아팠었는데 제 건강 관리도 신경 쓰는 것 또한 필수 과제라는 생각을 했습니다."

아무리 좋은 강의라도 실천했을 때 배움의 완성은 이루어진다. 발달에서 중요한 시기에 개인 교사로 개입하는 아이돌보미 교사로 실천을 기대한다. 특히 부모와의 면담도 중요하게 생각하고 실천해 주길 바란다. 교사들이 돌보는 아이들도 결국 부모의 사랑을 가장 원하기 때문이다.

평생 배워야 하는 이유

"이 작은 나의 발걸음, 사회 재교육을 통해 이런 가슴 울림을 가질 수 있음에 너무 감동적입니다." "삶을 어찌 살아야 하는지 교수님이 일깨워주셨어요." "저의 문제를 깨닫는 시간이었습니다." "야누스 코르착, 어린이를 사랑하는 법 영상을 보고 많이 울었습니다. 이맘 초심으로 잘 간직하겠습니다." "유익한 강의! 너무 뜻깊었던 시간이었습니다." "이제라도 사랑하며 존중하며 살겠습니다." "강의를 들으면 들을수록 책임감이 커집니다." "진심으로 감사합니다. 앞으로도 열심히 공부하고 실천하겠습니다." "강의 너무 좋았습니다. 아이들을 사랑으로 돌보는 선생님으로 노력하겠습니다."

언제 없어질지 모를 여성가족부의 한국건강가족진흥원 사업으로 각 지역 가족센타에서 주관하는 '아이 돌보미' 대상 교육이 있다. 양성 교육과정, 보수 교육과정 강사로 시간이 맞을 때 강의하고 있다. 담당하고 있는 과목은 〈영아기 발달의 이해〉〈영아와의 애착관계 형성〉〈영유아 발달 심리 이해 및 문제행동 이해〉〈영아기 신체발달 지원〉〈학령기 발달의 이해와 관계형성〉〈학령기 또래관계 형제자매 관계〉〈직업윤리 및 서비스마인드 교육〉이다.

위 내용은 〈직업윤리 및 서비스마인드 교육〉을 들은 P 지역 아이 돌보미 선생님들이 강의를 듣고 나서 쓴 소감이다. 현재 아이 돌보미 역할을 하는 분들이다. 나이는 젊은 분이 40대이고 50대가 가장 많고 60대도 있다. 자녀 양육을 마치고, 또는 은퇴 후 아이들이 좋아서, 할 수 있는 일을 찾아서 이 일을 하는 경우가 많다. 인생을 어느 정도 살고 그동안 여러 배움의 과정이 있었겠지만, 몇 시간의 강의를 듣고 새롭게 마음을 다지고 있음을 알 수 있다. 그러므로 인간은 늘 배워야 한다.

대학에서 〈교직실무〉 과목도 강의하고 있다. 예비교사들에게 미래 교사가 되어서 해야 할 역할과 자세, 태도 등을 전하고 있다. 이번 학기에 사용하고 있는 교재에 '자기 관리 방법'으로 '지혜를 써라'라는 내용이 있었다. '지식보다는 지혜이다.'라는 말이 있다.

예비교사들에게 지혜로워지려면 책을 많이 읽을 것을 먼저 권한다. 책에는 대대로 전해주고 싶은 것들이 담겨있기 때문이다. 나도 〈아이가 보내는 신호들〉〈아이의 마음 읽기〉〈아이의 생각 읽기〉〈별을 찾는 아이들〉 등에 그런 내용을 담았다. 미국의 어느 대학은 4년 내내 책만 읽게 하는 곳도 있다. 전공뿐만 아니고 문학, 사상, 철학, 자연과학 등 다양한 책을 읽기를 바란다.

또 지혜를 쌓기 위해 당부하고 싶은 것은 '다양한 직업을 가진 사람들을 만나 보라.'는 것이다. 시간과

여건상 직접 만남이 어렵다면, 요즈음은 유튜브로 얼마든지 만날 수 있다. 나 역시 듣고 싶은 사람의 유튜브를 찾아 듣거나 신문에 쓴 칼럼을 찾아서 읽기도 한다. 이렇게 관심 분야를 먼저 걷고 있는 사람을 간접적으로 만나 배움의 기회를 가질 수도 있다.

미국의 철강왕, 앤드루 카네기가 모은 재산 대부분을 2,500여 개가 넘는 도서관 짓기에 내놓은 까닭도 '배움터'를 만들기 위한 것이라 본다. 그 자신이 일찍부터 면화 공장에서, 전보배달원으로 일하며 밤새다시피 읽은 책을 통해 지혜에 눈을 떴기 때문이리라. 강의를 통해서건, 독서나 직간접 만남을 통해서건 인간은 평생 배워야 한다. 특히 인간 발달에서 중요한 시기에 놓인 영유아를 돌보는 교사라면 더 말할 나위가 없다.

따뜻함이 참 좋거든요

"제가 20년 넘게 교수님을 쫓아다니는 이유는 따뜻함 때문이거든요. 따스함이 좋고 마음가짐을 강조하는 부분이 존경스럽기도 해요. 보육교사 과정 후 전공이 다른 저에게 보육 공부를 전문적으로 하라고 해서, 교수님이 관련하는 곳에서 학사과정을 했어요. 또 이번에 대학원 공부까지 하게 됐어요. 그 외에 교수님이 개별적으로 하시는 교육과정에 참여했고, 세미나에도 늘 함께하고 있지요."

2012년에 만나 20년 넘게 함께 해온 보육교사가 한 말이다. 처음 그를 만났을 때 그는 유치원, 어린이집 특기 강사였다. 낮에는 일하고 밤에 보육교사 국가자격증 공부를 하러 왔다. 어느 날 "저의 시어머니가 담근 김장 김치인데, 정말 맛있어요. 꼭 교수님께 드리고 싶어요."라고 먼저 따뜻한 마음으로 내게 다가왔다. 나는 답례로 영화를 볼 수 있는 표를 건넸다. 서로의 마음을 주고받으며 세월의 징검다리를 건너고 있다.

내가 걸어오면서 만났던 사람들을 생각해 본다. 따스한 분위기의 사람, 가슴이 따뜻한 사람이 기억에 남는다. 단 한 번도 딸자식에게 화내지 않고, 중학생이 된 딸의 귀가를 마을 어귀에서 기다리던 아버지, 시인이던 부군의 시집을 건네주시고 구순이 넘어 돌아가시기 전까지 제자를 위해 기도해 주시고, 미세먼지에 노출하지 말고 오래 살라며 걱정해 주신 여고 3년 때 담임선생님, 전공을 바꿔 다른 공부를 한 제자를 모교에 강사 자리를 마련해 주신 대학 은사님, 나를 지도한 게 보람이라며 외국인으로 답안 작성을 천천히 하던 제자를 기다려주신 은사님, 퇴임 후도 일본 영유아 교육의 따끈따끈한 소식을 알려주시는 은사님 등이 뇌리를 스친다. 이분들의 따뜻함, 따스함이 내가 살아가는 데 힘이 되어주고 있음이 틀림없다.

따스한 햇살과 햇볕은 이별의 아픔도 견뎌내게 해주고, 살아 있음을 느끼게 해주기도 한다. 정승환과 수지가 부른 '대낮에 한 이별' 가사 중, "죽을 것 같아서 정말 숨도 못 쉬었어. 근데 햇살이 밝아서 햇살이 밝아서 괜찮았어." 이별의 순간에도 따스한 햇살이 그나마 위안이 되었던 것이다. 지난 2016년에 세상을 떠난, 우리에게 '처음처럼'을 각인시켜 준 고 신영복 교수는 정치적 사건으로 감옥에서 20년을 보냈다. 그때 주고받은 서신을 묶어낸 옥중서간집 〈감옥으로부터의 사색〉이 있다. 거기에 이런 내용이 있다. "겨울 독방에서 만난 신문지만 한 햇볕을 무릎 위에 받고 있을 때의 따스함은 살아 있음의 어떤 절정이었다." 추운 곳에서 겨울을 나면서, 극한 상황에 놓인 지성인의 고뇌를 다 이해할 수 없지만, 겨울 독방의 햇볕의 고마움은 나도 어느 정도 알 수 있을 것 같다.

상담에서 '지도 이전에 관계 맺기가 먼저이다.'라

는 말이 있다. 관계 맺기는 따스한 마음을 주고받는 것을 말한다. 영아들도 교사가 따뜻한지 그렇지 않은 줄을 안다. 하물며 유아들은 어떻겠는가? 가정을 떠나 처음 만난 선생님이 따뜻했다는 기억으로 남도록 했으면 한다.

행복한 교사가 행복한 부모와 아이를 만든다

행복한 교사가 행복한 아이를 기른다는 말은 쉽게 이해할 수 있을 것이다. 그런데 왜, 아이 앞에 부모를 넣었을까라고 의아하게 생각할 수 있다. 아이는 부모의 영향을 가장 많이 받기 때문이다. 전문가인 행복한 교사가 부모를 변화시키고, 그 부모가 아이를 행복하게 해야 하기 때문이다.

부모 양육태도와 아이 발달로 석사 학위 논문과 박사 학위 논문을 쓴 나는 연구를 통해 부모 역할이 얼마나 중요한지를 알게 되었다. 그러나 부모들은 어떤 직업에 종사하든 육아에 있어서는 아마츄어이다.

전문가인 교사들이 부모를 만나 상담하고 면담하는 것이 가장 중요한 역할이다. 이 책에서 교사들이 부모들과 상담 면담 시 아이 행동에 관해 얘기할 수 있는 구체적인 사례와 그 원인 및 해법을 제시하고 있다. 따라서 이 책은 모든 교사가 읽어야 할 필독서가 되어야 한다는 생각이다. 부모들도 함께 읽어주길 바란다.

한여름에 저자